高等学校教材

实验化学

SHIYAN HUAXUE

中国地质大学（北京）化学教研室

戚洪彬　姜　浩　主　编

陈　洁　董雪玲　副主编

U0301630

化学工业出版社

·北京·

本书是针对工科类院校公共基础实践课程实验化学编写的相应教材。全书包括绪论、基础化学实验、综合化学实验、附录四部分。绪论主要介绍了实验化学课程的教学要求、学习方法、实验结果处理及基本常识等内容。基础化学实验部分选择了 17 个实验，综合化学实验部分选择了 18 个实验，共 35 个实验。在这些实验中主要以培养学生化学实验技能为目标，在加强基本实验技能训练和应用性实验技能训练的同时开设综合性、设计性实验，为学生建立一个较为完整的实验科学研究思维空间，逐步培养学生创新能力。附录部分主要包括常见离子的分离与鉴定方法、常用硅酸盐分析方法、化学实验中常用数据、化学实验常用器皿，便于学生查阅。全书内容丰富，选材新颖，使学生在掌握必备的化学实验技能的基础上，初步具备获取知识和开拓创新的能力。

本书可作为高等院校公共基础化学实验课程教材，也可供从事相关专业的技术人员参考使用。

图书在版编目（CIP）数据

实验化学/戚洪彬，姜浩主编 . —北京：化学工业
出版社，2020.3 （2021.4重印）

高等学校教材

ISBN 978-7-122-36088-5

Ⅰ.①实… Ⅱ.①戚…②姜… Ⅲ.①化学实验-高
等学校-教材 Ⅳ.①O6-3

中国版本图书馆 CIP 数据核字（2020）第 006516 号

责任编辑：窦 臻 林 媛　　　　　　　　　　装帧设计：刘丽华
责任校对：王 静

出版发行：化学工业出版社（北京市东城区青年湖南街 13 号　邮政编码 100011）
印　　装：三河市延风印装有限公司
787mm×1092mm　1/16　印张 9¼　字数 204 千字　　2021 年 4 月北京第 1 版第 3 次印刷

购书咨询：010-64518888　　　　　　　　　　售后服务：010-64518899
网　　址：http://www.cip.com.cn
凡购买本书，如有缺损质量问题，本社销售中心负责调换。

定　　价：28.00 元

　　教育部提出"金课"的标准为"两性一度"，即高阶性、创新性、挑战度。所谓"高阶性"，就是知识能力素质的有机融合，是要培养学生解决复杂问题的综合能力和高级思维。所谓"创新性"，是课程内容反映前沿性和时代性，教学形式呈现先进性和互动性，学习结果具有探究性和个性化。所谓"挑战度"，是指课程有一定难度，需要跳一跳才能够得着，对教师备课和学生课下有较高要求。化学是一门以实验为基础的学科，加强实验教学能够促进学生主动地学习，使他们切实掌握化学学科的基本实验技能。因此，实验化学是培养学生"创新性"和"挑战度"等素质能力最好的课堂。

　　近年来随着教学体系和制度的改革深入，在课程设置、课时分配、教材建设等方面正逐渐倾向于宽口径、厚基础和高素质复合型人才的培养。在新的课程体系下，各高校的实验化学已逐渐独立设置，增加实验学时，加强研究性和应用性实验内容。在此基础上，我们编写了这本教材，主要针对高等院校非化学专业的公共基础实践课程使用。

　　本教材突出三个层次的训练，即基本实验技能训练，应用性实验技能训练，综合性、设计性实验技能训练。基本实验技能训练，主要要求学生掌握规范的仪器洗涤、器皿干燥、试剂取用、沉淀分离与洗涤、重要容量器皿的使用和校准方法，学会溶液的配制与标定，建立"量"的概念。应用性实验技能训练，主要要求学生掌握常用仪器如酸度计、弹式量热计、分光光度计、电导率仪、氟离子选择性电极、离子分析仪、黏度计等的使用原理及操作技能，学会常用的实验测定方法。综合性、设计性实验技能训练，主要要求学生不仅巩固提高基本操作技能，更注重综合分析问题、解决问题能力的培养。通过综合性、设计性实验项目训练，使学生学会初步查阅文献资料，自行设计实验方案，独立完成实验操作，撰写实验总结。

　　本教材包括绪论、基础化学实验、综合化学实验、附录四部分。绪论主要介绍了实验化学课程的教学要求、学习方法、实验结果处理及基本常识等内容。基础化学实验部分选择了 17 个实验，综合化学实验部分选择了 18 个实验。在这些实验中主要以培养学生化学实验技能为目标，在加强基本实验技能训练和应用性实验技能训练的同时开设综合性、设计性实验，为学生建立一个较为完整的实验科学研究思维空间，逐步培养学生创新能力。附录部分主要包括常见阴、阳离子的分离与鉴定方法，常用硅酸盐分析方法，化学实验中常用数据，化学实验常用器皿，便于学生查阅。

本教材参考学时 48～64 学时，可作为高等院校公共基础化学实验课程教材，也可供从事相关专业的技术人员参考使用。

本教材由戚洪彬、姜浩主编，陈洁、董雪玲任副主编。中国地质大学（北京）化学实验中心的梁树平、张秀丽、龙梅、杨德重、赵增迎、孙文秀、徐锦明、吴静、刘煊赫、孙兵、朱久娟、范寒寒、商虹、成媛媛等老师参加部分实验设计工作，对本教材编写做出了一定贡献。

在本教材编写过程中，中国地质大学（北京）郑红教授、王英滨高级工程师（教授级）、彭志坚教授提供了许多指导和帮助，为本教材提出许多宝贵意见，在此表示衷心感谢。

本教材获得中国地质大学（北京）教材建设项目及学科建设项目共同资助。

由于编者水平有限，书中难免有不当之处，敬请读者批评指正。

编者
2019 年 11 月

附录 / 119

参考文献 / 142

绪 论

实验化学是面向工科院校学生开设的一门独立的公共基础化学实验课程，以培养学生化学实验技能为目标。在加强基本实验技能训练和应用性实验技能训练的同时开设综合性、设计性实验，为学生建立一个较为完整的实验科学研究思维空间，逐步培养学生开拓和创新能力。

一、教学要求

第一部分为基础实验化学，共 17 个实验项目；第二部分为综合实验化学，共 18 个实验项目。实验内容主要包括基本实验技能训练、应用性实验技能训练、综合设计性实验技能训练三方面实验项目。

基本实验技能训练，主要要求学生掌握规范的仪器洗涤、器皿干燥、试剂取用、沉淀分离与洗涤、重要容量器皿的使用、校准方法，学会溶液的配制与标定，建立"量"的概念。

应用性实验技能训练，主要要求学生掌握常用仪器如酸度计、弹式量热计、分光光度计、电导率仪、氟离子选择性电极、离子分析仪、黏度计等的使用原理及操作技能，学会常用的实验测定方法。

综合设计性实验技能训练，主要要求学生不仅巩固提高基本操作技能，更注重综合分析问题、解决问题能力的培养。通过综合性、设计性实验项目训练，使学生学会初步查阅文献资料，自行设计实验方案，独立完成实验操作，撰写实验总结。

二、学习方法

实验化学是一门应用性很强的实验课程，"学以致用"是学生学习本课程的必备观念，因此，学生在学习过程中应有明确的目标，培养对实验的兴趣，树立对实验的信心，抓好实验技能训练每一环节。

在实验过程中要求学生做到：

1. 课前充分预习，写好预习报告

预习报告内容包括：实验目的要求、实验原理、实验内容、思考题。书写要求简明扼要，切忌抄书。实验内容按不同实验要求，用方框、箭头或表格形式表达，便于指导实验操作，记录实验数据。

2. 实验中勤于动手，善于思考，认真务实

3. 实验后认真总结，写好实验报告

实验报告是培养学生思维能力、书写能力和总结能力的有效方法。实验报告格式由实验室统一设计，书写时要求字迹工整、语句通顺。报告内容包括以下几方面：

① 实验名称、实验日期。

② 实验目的：写明对本实验的要求。

③ 实验原理：简述实验的基本原理及反应方程式。

④ 实验内容：用箭头、方框、表格等形式简洁明了地表达实验进行的过程。

⑤ 实验结果及讨论：处理实验数据，对实验结果进行分析讨论，回答思考题等。

三、实验结果处理

在定量分析中，分析结果所表达的不仅仅是试样中待测组分的含量，还反映了测量的准确程度。因此，在实验数据的记录和结果的计算中，保留几位数字不是任意的，要根据测量仪器、分析方法的准确度来决定。要了解这些数据的可信赖程度，则必须学会检查分析产生误差的原因，并进一步研究消除误差的办法。

1. 测定结果的准确度和精密度

（1）准确度　分析结果的准确度常用误差来表示。误差是指测得的结果和真实值之间的接近程度。两者越接近，则误差越小，分析结果的准确度越高。误差一般有两种表示方式。

① 绝对误差　绝对误差等于测得的结果与真实值之差。它的大小取决于所使用的器皿、仪器的精度及人的观察能力。但绝对误差不能反映误差在整个测量结果中所占的比例。

② 相对误差

$$相对误差 = \frac{绝对误差}{真实值} \times 100\%$$

真实值是某一物理量本身具有的客观存在的真实数值。一般说来，真实值是未知的，但下列情况的真实值可以认为是知道的。

理论真值：如某化合物的理论组成等。

计量学约定真值：如国际计量大会上确定的长度、质量、物质的量单位等。

相对真值：认定精度高一个数量级的测定值作为低一级的测量值的真实值，这种真实

值是相对比较而言的。如科学实验中使用的标准试样及管理试样中组分的含量等。

相对误差可以反映误差对整个测量结果的影响，便于合理地比较各种情况下测定结果的准确度。

（2）精密度　在实际分析工作中，往往对同一样品进行反复多次的平行试验，多次重复测定的分析结果的接近程度可用精密度来表示。分析结果的精密度一般可用偏差来反映，主要有以下几种表示方式。

① 绝对偏差　即个别测定的结果与 n 次重复测定结果的平均值之差。

$$绝对偏差 = x_i - \bar{x}$$

式中，x_i 为任何一次测定结果的数据；$\bar{x}$ 为 n 次测定结果的平均值。

② 相对偏差　测定的绝对偏差值在 n 次测定平均值中所占的比例。

$$相对偏差 = \frac{绝对偏差}{n \text{ 次重复测定结果的平均值}} \times 100\%$$

③ 平均偏差

$$\bar{d} = \frac{\sum\limits_{i=1}^{n} |x_i - \bar{x}|}{n}$$

④ 标准偏差　是一种用统计概念表示测定精密度的方法。当重复测定的次数 $n \to \infty$ 次时，标准偏差用 σ 表示，计算公式如下：

$$\sigma = \sqrt{\frac{\sum\limits_{i=1}^{n} (x_i - \mu)^2}{n}}$$

式中，μ 为无限多次测定的平均值，称为总体平均值，即

$$\lim_{n \to \infty} \bar{x} = \mu$$

当重复测量次数 $n < 20$ 时，用 s 表示标准偏差：

$$s = \sqrt{\frac{\sum\limits_{i=1}^{n} (x_i - \bar{x})^2}{n-1}}$$

用标准偏差来表示精密度是比较合理的，它能如实地反映每次测量产生偏差的影响。

2. 定量分析中误差产生的原因

在进行定量分析的一系列操作过程中，即便技术相当熟练的分析工作者使用最准确可靠的方法、仪器和试剂进行分析，都不可能获得绝对准确的结果，即测定过程中的"误差"是不可避免的。定量分析中误差可分成两类，即系统误差和随机误差。

（1）系统误差　又称可测误差，是由某种固定的原因造成的，具有重复性、单向性。根据系统误差的性质和产生的原因，可将其分为以下几类：

① 方法误差　是由于分析方法不够完善而引入的误差。如重量分析中沉淀的溶解、共沉淀、灼烧时沉淀的分解或挥发等所引起的误差，滴定分析中指示剂选择不当、干扰离

子的影响等引起的误差等，系统地导致测定结果偏高或偏低。

② 仪器误差　是由于使用了未经校正的仪器而造成的误差。如使用的砝码质量、容量器皿刻度等不准确，由于未经校正，使其与真实值不相等。

③ 试剂误差　是由于使用的试剂或蒸馏水不纯，使分析结果系统偏高或偏低。

④ 主观误差　是由于分析人员本身的一些主观因素造成的误差。例如由操作者对指示剂终点颜色判断的差异和读取数据不准确等因素引入的误差。

当分析测定中存在系统误差时，它不影响多次重复测定的精密度，精密度数值可能十分好，但会影响到分析结果的准确度。所以，当评价分析结果时，不能仅从精密度高就作出准确度高的结论，而必须在校正了系统误差后，再判断其准确度高低。

（2）随机误差　又称未定误差，是由一些随机的偶然的原因造成的。反映在多次同样测定的结果中，其误差值的大小和正负无一定的规律性。然而，当测量次数很多时，可以用统计方法找出它的规律，即：①真值出现机会最多；②绝对值相近而符号相反的正、负误差出现机会相等；③小误差出现的机会多，大误差的出现机会较小。

随机误差的大小可用"精密度"的大小来说明。分析结果的精密度越高，则随机误差越小。反之亦然。

在消除了系统误差以后，可用算术平均值来表示分析结果，并对测量结果的准确度进行评价。此时精密度高的分析结果，才是既准确、又精密的结果。

3. 提高分析结果准确度的方法

（1）选择合适的分析方法　各种分析方法的准确度和灵敏度是不同的。重量分析和滴定分析，灵敏度虽不高，但对于高含量组分的测定，能获得比较准确的结果。对于低含量组分的测定，因允许有较大的相对误差，所以采用仪器分析法是比较合适的。

（2）减小测量误差　为了保证分析结果的准确度，必须尽量减小测量误差。例如，一般分析天平的称量误差为$\pm 0.0002g$，为了使测量时的相对误差在0.1%以下，试样质量就不能太小，必须在$0.2g$以上。在滴定分析中，滴定管读数常有$\pm 0.01mL$的误差，在一次滴定中，需要读数两次，因此可能造成$\pm 0.02mL$的误差。为了使测量时的相对误差小于0.1%，消耗滴定剂的体积必须在$20mL$以上，最好使体积在$25mL$左右，以减小相对误差。

（3）消除系统误差　由于系统误差是由于某种固定的原因造成的，因而找出这一原因，就可以消除系统误差的来源。通常根据具体情况，采用下述几种方法来检验和消除系统误差。

① 进行对照试验　取"标准试样"或极纯的物质（已知被测组分的准确含量），采用与测定试样同样的方法和同样的条件，进行平行试验，找出校正值，作为"校正系数"来修正测定结果，从而达到消除由方法所引入的系统误差。

② 校准仪器　在实验前对所使用的仪器、器皿进行预先校正，并求出校正值，以减免仪器所带入的误差。

③ 进行空白试验　即在不加入试样的情况下，按所选用的测定方法，按同样的条件

和同样的试剂进行分析，以检查试剂和器皿所引入的系统误差。

④ 减小随机误差　依照随机误差出现的统计规律，可通过增加测定次数，使随机误差尽可能减小。从数学角度考虑，测定次数和算术平均值的随机误差之间有一定的关系。一般当测定次数达 10 次左右时，即使再增加测定次数，其精密度并没有显著的提高。因而在实际应用中，按经验只要仔细测定 2～4 次，即可使随机误差减小到很小。为了使分析中的随机误差尽可能减小，还必须注意以下几个方面：

a. 必须按照分析操作规程，严格正确地进行操作；

b. 实验过程要仔细、认真，避免一切偶然发生的事故；

c. 重复审查和仔细地校核实验数据，尽可能减少记录和计算中的错误。

总之，误差产生的因素很复杂，必须根据具体情况，仔细地分析，认真找出原因，然后加以克服，以获得尽可能准确可靠的分析结果。

4. 有效数字及其运算规则

（1）有效数字　有效数字是指一个数据中包含的全部确定的数字和最后一位可疑数字。因此，有效数字的确定是根据测量中仪器的精度而确定。例如，NaOH 标定实验中，使用的仪器有分析天平，精度为 0.1mg，滴定管精度为 0.01mL，称取邻苯二甲酸氢钾 0.5078g，滴定剂消耗体积为 24.07mL，这样计算出 $c(NaOH)=0.1033mol \cdot L^{-1}$，应有 4 位有效数字，即最后一位是可疑数字，前三位都是确定的数字，若上述称量使用精度低的天平，则实验结果就不能达到 4 位有效数字。可见有效数字的书写表达取决于实验使用仪器的精度，在计算与记录数据时，有效数字位数必须确定，不能任意扩大与缩小。

（2）有效数字位数确定

① 在有效数字中，最后一位是可疑数字。

②"0"在数字前面不作有效数字，"0"在数字的中间或末端，都看作有效数字。

③ 采用指数表示时，"10"不包括在有效数字中，例如上述数值写成 1.033×10^{-1} 或 10.33×10^{-2}，都为 4 位有效数字。

④ 采用对数表示时，仅由小数部分的位数决定，首数（整数部分）只起定位作用，不是有效数字，例如 pH=7.68，则 $c(H^+)=2.1 \times 10^{-8} mol \cdot L^{-1}$，只有 2 位有效数字。

（3）有效数字的运算规则　在分析测定过程中，往往要经过若干步测定环节，读取若干次的实验数据，然后经过一定的运算步骤才能获得最终的分析结果。在整个测定过程中，多次读得的数据的准确度不一定完全相同。因而按照一定的计算规则，合理地取舍各数据的有效数字的位数，既可节省时间，又可以保证得到合理的结果。有关有效数字的运算规则主要有以下几条：

① 在表达的数据中，应当只有一位可疑数字。

② 弃去多余的或不正确的数字，可采用"四舍六入五成双"原则。即当尾数 4 时舍去；6 时进位；5 时，若 5 前面一位是奇数则进位，偶数则舍去。这样可部分抵消由 5 的舍、入所引起的误差。当测量值中被修约的那个数字等于 5 时，如果其后还有数字，则该数字总是比 5 大，在这种情况下，该数字以进位为宜。修约数字时，只允许对原测量值一

次修约到所需要的位数，不能分次修约。

③ 在加减法运算中，以绝对误差最大的数为准来确定有效数字的位数。例如：将 0.0121，27.60 和 1.04268 三个数相加，根据上述原则，上述三个数的末位均是可疑数字，它们的绝对误差分别为 ±0.0001，±0.01 和 ±0.00001。其中绝对误差最大的为 27.60。因此在运算中，应以绝对误差最大的数为依据来确定运算结果的有效数字位数。先将其他数字依弃舍原则取到小数点后两位，然后再相加。

④ 在乘除运算中，以有效数字位数最少的数，即相对误差最大的数为准，来确定结果的有效数字位数。

对于高含量组分（如 >10%）的测定，一般要求分析结果以 4 位有效数字报出；对中等含量的组分（例如 1%～10%），一般要求以 3 位有效数字报出；对于微量组分（<1%），一般只以 2 位有效数字报出。在化学平衡计算中，一般保留 2 位或 3 位有效数字。计算 pH 值时，小数部分才是有效数字，只需保留 1 位或 2 位有效数字。

当计算分析测定结果精密度和准确度时，一般只保留 1 位有效数字，最多取 2 位。

在计算中常会遇到一些分数。例如从 250mL 容量瓶中移取 25mL 溶液，即取 1/10，这里的"10"是自然数，可视为足够有效，不影响计算结果的有效数字位数。

若某一数据的首位数字大于或等于 9，在进行乘除运算时，有效数字的位数可多算一位。例如 9.46，虽然只有 3 位有效数字，但由于首位为 9，故可看成有 4 位有效数字参与运算。

四、实验化学基本常识

1. 化学实验室学生守则

进行实验时必须严格遵守下列规则：

① 实验前一定要做好准备工作，预习实验内容，写好预习报告。否则不得进入实验室。

② 遵守纪律，保持肃静，思想集中，认真操作。

③ 仔细观察各种现象，并如实地详细记录在实验报告中。

④ 实验过程中，随时注意保持工作地区的整洁。废液倒入废液桶中，严禁倒入水槽内，以防水槽堵塞和腐蚀。

⑤ 爱护国家财物，小心使用实验室设备和仪器，节约用水、电和煤气。

⑥ 使用药品时应注意以下几点：

a. 药品应按规定量取，如果书中未规定用量，应注意节约。

b. 取用固体药品时，注意勿使其撒落。

c. 药品自瓶中取出后，不应再倒回原瓶中，以免带入杂质而引起瓶中药品变质。

d. 试剂瓶用后，应立即盖上塞子，放回原处，以免盖错瓶塞，混入杂质。

e. 实验完毕，需回收的药品应倒入回收瓶中。

⑦ 实验后，应将仪器洗刷干净，擦净实验台，检查水、电、气。得到教师许可后，

才能离开实验室。

2. 实验室安全守则

① 涉及有毒或有恶臭的物质的实验，都应在通风橱中进行。

② 涉及挥发性和易燃物质的实验，都应在离火较远的地方进行，并尽可能在通风橱中进行。

③ 强氧化剂（如氯酸钾、高氯酸）及其混合物（如氯酸钾与红磷、碳、硫等的混合物），不能研磨，否则易发生爆炸。

④ 不纯的氢气遇火易爆炸，操作时必须严禁接近烟火。点燃前，必须先检验并确保纯度。银氨液须随配随用，不能保存，因其久置后易爆炸。

⑤ 浓酸、浓碱具有强腐蚀性，切勿溅在皮肤或衣服上，眼睛的安全更应注意。稀释浓硫酸时，应将浓硫酸慢慢地注入水中，并不断搅拌，切勿将水注入浓硫酸中，以免溅出。

⑥ 加热试管时，切勿将试管口指向别人或自己，也不要俯视正在加热的液体，以免液体溅出伤人。

⑦ 有毒药品（如重铬酸钾、砷和汞的化合物、镉盐和铅盐等）的剩余废液应倒入指定的废液桶，不得进入口内或接触伤口。

⑧ 金属汞易挥发，当被人吸到体内后，易引起慢性中毒。一旦把汞洒落在桌面或地上，必须尽可能收集起来，并用硫黄粉盖在洒落的地方，使汞变成不挥发的硫化汞。

⑨ 实验室所有药品不得携出室外。

⑩ 酒精灯或煤气灯随用随点，不用时，将酒精灯盖上罩子，煤气灯应关紧龙头。每次实验完毕，应将手洗净后才能离开实验室。

3. 实验室中意外事故处理

（1）起火　要立即灭火，采取措施防止火势扩展，例如，切断电源，移走易燃药品等。灭火的方法要根据起火的原因选用合适的措施：一般的小火可用湿布、石棉布或沙子覆盖燃烧物；火势大时可使用泡沫灭火器，但电器设备所引起的火灾，只能使用四氯化碳和二氧化碳灭火器灭火，不能使用泡沫灭火器，以免触电；只有当火场及其周围没有存放能跟水发生剧烈反应的药品（例如金属钠）时，才能用水来灭火。

（2）烫伤　用高锰酸钾或苦味酸溶液涂于灼伤处，再搽上凡士林、烫伤膏或直接涂上玉树仁油。

（3）吸入 Br_2 或 Cl_2 时，可吸入少量酒精和乙醚的混合蒸气以解毒。吸入 H_2S 气体而感到头晕时，应到室外呼吸新鲜空气。

（4）受强酸腐蚀受伤　用水冲洗，搽上 $NaHCO_3$、油膏或凡士林。

（5）受强碱腐蚀受伤　用水冲洗，用1%柠檬酸或硼酸饱和液洗涤，再搽上凡士林。

（6）割伤　用水洗净伤口，搽上龙胆紫药水，再用纱布包扎。如伤口较大，应立即赴医务室医治。

第一部分

基础化学实验

▶▶▶▶▶▶

实验 1　化学实验中的基本操作　◀◀◀

一、仪器的洗涤

不清洁的实验仪器常常会影响实验的效果。一般说来，附着在仪器上的污染物有可溶性物质、不溶性物质、油污及有机物等。应根据实验要求、污染物性质和沾污程度选用相应的洗涤方法。

1. 物理方法

物理方法是借助机械摩擦作用除去污染物。用毛刷刷洗，能除去可溶性物质、尘土及一般的不溶性物质。若要除去油污和有机物，则先用少量水润湿仪器，再洒入少许去污粉，并用毛刷擦洗，然后用自来水冲净去污粉，最后再用蒸馏水洗 3 次，一般就能满足实验要求。但是精密量器不得用去污粉清洗，以免砂粒磨损仪器。

2. 化学方法

化学方法是借助化学反应除去污染物。通常是采用试剂（如铬酸洗液、有机溶剂等）洗涤。铬酸洗液是由 $K_2Cr_2O_7$ 与浓 H_2SO_4 配制而成，呈深褐色。洗液具有很强的氧化性，能很好地除去油污和有机物。它常用于洗涤精密的玻璃量器，如移液管、滴定管和容量瓶等。洗涤时，先往量器内倒入少量洗液，并慢慢倾斜转动量器。待其内壁全部被洗液润湿后，将洗液倒回原瓶中。然后用自来水洗去器壁上残留的洗液，最后再用蒸馏水洗 3 次，一般就能满足实验要求。

如果用洗液将量器浸泡一段时间，则去污效果更好。铬酸洗液如呈绿色，则表明失效，不能再继续使用。

对于特殊物质的除去，还可采用适当的化学试剂。例如，器皿上沾有较多 MnO_2，用

酸性 $FeSO_4$ 溶液或草酸溶液洗涤；铁盐引起的黄色污染可用稀 HCl 或 HNO_3 洗涤；沾有碘可用碘化钾溶液浸泡片刻或用 Na_2SO_3 溶液洗涤；银镜反应沾附的银可用 HNO_3 洗掉，仍洗不掉时可稍微加热。

已洗净的器皿壁上不应附着不溶物、油垢，可以被水完全湿润，把器皿倒过来，如果水沿器壁流下，器壁上只留下一层薄而均匀的水膜，不挂水珠，则表示器皿已经洗净。洗净的器皿不能再用布或滤纸擦，因为布或滤纸的纤维会留在器壁上面，弄脏器皿。在定性、定量实验中，由于杂质的引入会影响实验的准确性，对器皿洗涤的要求比较高，除一定要求器壁上不挂水珠外，还要用蒸馏水或去离子水淋洗 3 次。

二、器皿的干燥

可根据不同的情况，采用下列方法将洗净的器皿干燥。

（1）晾干 实验结束后，可将洗净的器皿倒置在干燥的实验柜内（如倒置后不稳定的器皿则应平放）或器皿架上晾干，以供下次实验使用。

（2）烤干 烧杯和蒸发皿等可以放在石棉网上用小火烤干。试管可直接用小火烤干，操作时应将管口向下并不断来回移动试管，待水珠消失后，使管口朝上，把水汽赶出去。

（3）烘干 将洗净的器皿放进烘箱中烘干，放进烘箱前要把水沥干。

（4）用有机溶剂干燥 在洗净器皿内加入少量有机溶剂（最常用的是酒精和丙酮），转动仪器使器皿中的水与其混合，倾出混合液（回收），放置（或吹风）使仪器干燥（不能放烘箱内干燥）。

带有刻度的定量容器不能用加热的方法进行干燥，一般可采用晾干或有机溶剂干燥的方法，吹风时宜用凉风。

三、化学试剂的取用

1. 固态试剂的取用

固态试剂一般用药勺取用，不得用手直接拿取。药勺的两端为大小两个匙，分别取用大量固体和少量固体。试剂一经取出，就不能再倒回原瓶中，多余的试剂可放入指定容器。

2. 液态试剂的取用

液态试剂一般用量筒量取或用滴管吸取。

（1）量筒 量筒有 5mL、10mL、50mL、100mL、1000mL 等规格。取液时，先取下试剂瓶的瓶塞并将它仰放在桌上。一手拿量筒，另一手拿试剂瓶（注意试剂标签应在手心处），瓶口紧靠量筒口边缘，然后慢慢倒出所需体积的试剂。最后将瓶口在量筒上靠一下，再把试剂瓶竖直，以免留在瓶口的液滴流到瓶的外壁（图 1-1-1）。读取刻度时，视线应与液体弯月面在同一水平面上。如果倾出了过多的液体，只好把它弃去，不得倒回原瓶。试剂取用后，必须立即将瓶塞盖好，放回原处。

量筒不能作反应器用，也不能盛热的液体，更不能用来加热液体。

（2）滴管　使用时，先用手指紧捏滴管上部的橡胶头，赶走其中的空气，然后松开手指，吸入试液。将试液滴入试管等容器时，应将滴管放在试管口的正中上方，使试液滴入试管中，不得将滴管插入容器中（图 1-1-2）。滴管只能专用，用完后放回原处。一般的滴管一次可取 1mL（约 20 滴）试液。

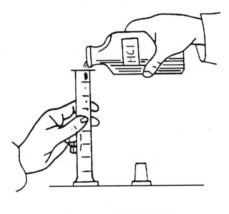

图 1-1-1　用量筒取液

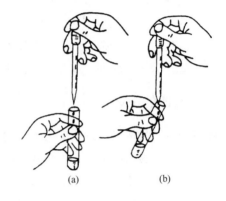

图 1-1-2　用滴管加试剂

（a）正确；（b）不正确

四、滴定管、容量瓶和移液管的使用

滴定管、容量瓶和移液管都能准确量取液态试剂。读数时都必须使液体弯月面与仪器上的刻度线相切，并且与视线在同一水平面上。

1. 滴定管

滴定管分为酸式滴定管和碱式滴定管两种（图 1-1-3）。滴定管的容量一般为 10mL、25mL、50mL，最小刻度 0.1mL，可以读到小数点后两位。

酸式滴定管的下端为一个玻璃活塞，开启活塞，液体即自管内滴出。使用前，先取下活塞，洗净后用滤纸将水吸干，然后在活塞两头涂一层很薄的凡士林油（切勿堵住塞孔），如图 1-1-4。装上活塞并转动，使活塞与塞槽接触处呈透明状态。最后装水试验是否漏液。

碱式滴定管的下端是用橡胶管连接一支带有尖嘴的小玻璃管。橡胶管内装有 1 个玻璃圆球（图 1-1-5）。用左手拇指和食指轻轻地往一边挤压玻璃球外面的橡胶管，使管内形成一缝隙，液体即滴出（挤压时，手指要放在玻璃球的稍上部。如果放在球的下部，松手后，在尖嘴玻璃管中会出现气泡）。

使用滴定管前，为保持滴定管中溶液浓度与原来浓度相同，应先用 5～10mL 该溶液洗涤滴定管 2～3 次。洗法是注入溶液后，将滴定管横过来，慢慢转动，使溶液流遍全管，然后将溶液自下放出。洗好后，即可装入溶液。在向滴定管倒入溶液时，宜直接倒入，而不应借用其他的仪器，以免浓度发生变化。

必须注意，滴定管下端不能有气泡。快速放液，可赶走酸式滴定管中的气泡；轻抬起尖嘴玻璃管，并用手指挤压玻璃球，可赶走碱式滴定管中的气泡（图 1-1-6）。

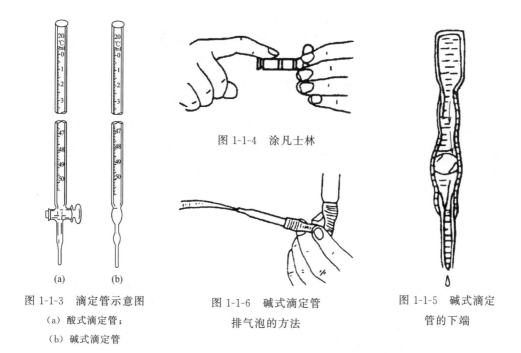

图 1-1-3　滴定管示意图

（a）酸式滴定管；

（b）碱式滴定管

图 1-1-4　涂凡士林

图 1-1-6　碱式滴定管

排气泡的方法

图 1-1-5　碱式滴定

管的下端

　　在读数时，用拇指与食指夹住滴定管上端使滴定管垂直，并将管口下端悬挂的液滴除去。滴定管内的液面呈弯月形，无色溶液的弯月面比较清晰，读数时，眼睛视线与溶液的弯月面下缘最低点切线应在同一水平上，眼睛的位置不同会得出不同的读数（图 1-1-7）。为了使弯月面清晰，亦可在滴定管后边衬一张白纸片作为背景，读取弯月面的下缘，这样可不受光线的影响，易于观察（图 1-1-8）。深色溶液的弯月面难以看清，如 $KMnO_4$ 溶液，可观察液面的上缘。读数时应估计到 $0.01mL$。由于滴定管刻度不可能非常均匀，所以在同一实验的每次滴定中，溶液的体积应该控制在滴定管刻度的同一部位，例如第一次滴定是在 $0\sim30mL$ 的部位，第二次滴定也应使用这个部位，这样由于刻度不准确而引起的误差可以抵消。

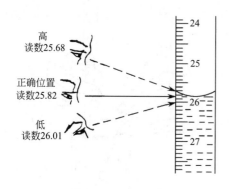

图 1-1-7　目光在不同的位置

得到的滴定管读数

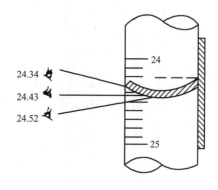

图 1-1-8　衬托读数

　　滴定操作时，用左手控制滴定管的活塞，右手拿锥形瓶。使用酸式滴定管时（图1-1-9），左手拇指在前，食指及中指在后，一起控制活塞，在转动活塞时，手指微微弯曲，轻轻向里扣住，手心不要顶住活塞小头一端，以免顶出活塞，使溶液溅漏（图1-1-10）。使用碱式滴定管时，用手指捏玻璃珠所在部位稍上的橡皮，使形成一条缝隙，溶液即可流出（图1-1-11）。滴定时，按图1-1-10所示，左手控制溶液流量，右手拿住瓶颈，并向同一方向作圆周运动，旋摇，这样使滴下的溶液能较快地被分散，注意不要使瓶内溶液溅出。在接近终点时，用少量蒸馏水吹洗锥形瓶壁，使溅起的溶液淋下，充分作用完全，同时，滴定速度要放慢，以防滴定过量，每次加入1滴或半滴溶液，不断摇动，直到终点。

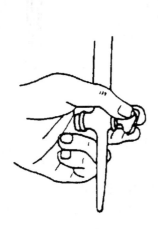

图 1-1-9　滴定管的拿法

图 1-1-10　酸式滴定管滴定操作

　　在烧杯中滴定时，调节滴定管的高度，使滴定管的下端伸入烧杯内1cm左右。滴定管下端应在烧杯中心的左后方处，但不要靠内壁，左手滴加溶液的同时，右手持搅拌棒在右前方作圆周搅动，但不得接触烧杯壁和底（图1-1-12）。在加半滴溶液时，用搅拌棒下端承接

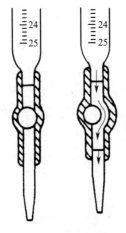

图 1-1-11　碱式滴定管滴定操作

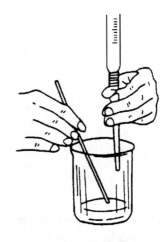

图 1-1-12　在烧杯中滴定

悬挂的半滴溶液，放入烧杯中混匀。注意，搅拌棒只能接触溶液，不要接触滴定管尖。

滴定结束后，滴定管中剩余的溶液应弃去，不得将其倒回原瓶，随即洗净滴定管，并用蒸馏水充满全管，备用。

2. 容量瓶

容量瓶是细颈平底带有磨口玻璃塞的玻璃瓶。颈上的刻度线一般表示在 20℃ 时，液体弯月面与刻度线相切时的体积。容量瓶主要用于配制一定体积的溶液，通常有 50mL、100mL、250mL、500mL 和 1000mL 等规格。

容量瓶使用前应检查是否漏水。检查方法是：注入自来水至刻度线附近，盖好瓶塞。用一只手的大拇指、食指和中指 3 个指头顶住瓶底边缘，另一只手的大拇指和中指按住瓶颈，并用食指按住塞子（图 1-1-13）。将容量瓶倒立 2min，观察瓶塞周围是否有水渗出。如果不漏，将瓶直立，把瓶塞转动约 180°后，再倒立过来试一次，检查两次很有必要，因为有时瓶塞与瓶口不是在任何位置都密合。

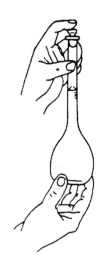

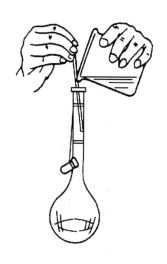

图 1-1-13　容量瓶的握法　　　　　图 1-1-14　溶液转移入容量瓶

在配制溶液时，先将容量瓶洗净。如果用固态物质配制溶液时，应先将固体在烧杯中完全溶解，再将溶液沿玻璃棒转移到容量瓶中。转移时，要使玻璃棒的下端靠近瓶颈内壁，使溶液沿壁流下（图 1-1-14），溶液全部流完后，将烧杯轻轻沿玻璃棒上提，同时直立，使附着在玻璃棒与杯嘴之间的溶液流回到杯中，然后用蒸馏水洗涤烧杯及玻璃棒 3 次，洗涤液一并转入容量瓶（称之为定量转移）。然后用洗瓶慢慢地加入蒸馏水至接近刻度线下 1cm 处，改用滴管小心滴加至刻度线，使溶液的弯月面与刻度线相切。最后盖好瓶塞，按容量瓶的握法将其握住，并来回倒转摇荡，反复多次，使溶液充分混匀即可。

如果固态物质是经过加热溶解的，那么溶液必须冷却至室温后，才能定量转移至容量瓶，否则会使容量瓶炸裂或热胀而造成体积误差。如果要将浓溶液配制成稀溶液，则用移液管或滴定管移取一定体积的浓溶液于容量瓶中，然后按上述操作方法用蒸馏水稀释至刻度线。

容量瓶不能久贮溶液，尤其是碱性溶液会侵蚀瓶塞，使瓶塞无法打开，配制好溶液后，应将溶液倒入清洁干燥的试剂瓶中贮存。容量瓶不能用火直接加热及烘烤。

3. 移液管

移液管是准确地移取一定体积试液的玻璃仪器，其规格有多种，外形有两种：一种是两头细中间大，只能量取刻度线所示体积的试液 [图 1-1-15(a)]。另一种是细长，带有刻度，可量取移液管容量体积以内的试液，也称为吸量管 [图 1-1-15(b)]。

使用前，洗净的移液管要用被吸取的溶液洗涤 3 次，以除去管内残留的水分。为此，可倒少许溶液于一洁净而干燥的小烧杯中，用移液管吸取少量溶液将管横放、转动，使溶液流过管内标线下所有的内壁，然后使管直立将溶液由尖嘴口放出（图1-1-16）。

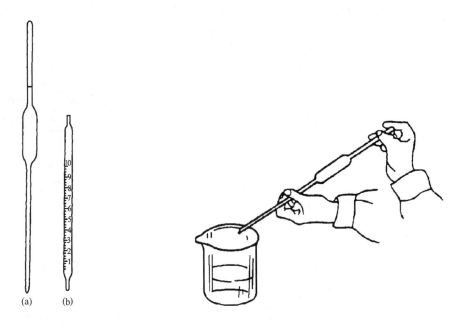

图 1-1-15　移液管　　　　　　　　　　图 1-1-16　洗涤移液管

使用移液管吸液（图 1-1-17）的步骤为：

① 一般可以用左手拿洗耳球，右手拇指及中指握住移液管刻度线以上部位，将移液管下端适当伸入液面（太深会使外壁沾上过多的试液，太浅容易吸空）。

② 将洗耳球对准移液管上口，把试液吸至刻度线以上约 2cm 处，迅速用食指代替洗耳球堵住管口。

③ 将移液管垂直提离液面，下端靠在容器内壁，稍稍松开食指，缓慢转动移液管，使刻度线以上的试液流出，直至液体弯月面与刻度线相切为止。

放液时，把移液管迅速放入接受容器中。使接受容器倾斜而移液管直立，出口尖端接触容器内壁，松开食指，使试液自由流下（图 1-1-18）。

　　若使用移液管［图 1-1-15(a)］，待移液管内液体放尽后，稍停片刻，再将移液管拿开，留在管内的最后一滴试液不可吹出。若使用的是吸量管［图 1-1-15(b)］，最后一滴试液则根据吸量管上的标记，如标明"吹"，应该吹出，否则不应吹出。移液管使用后，应立即洗净并放在移液管架上。

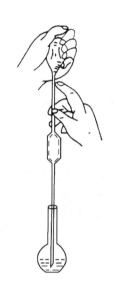

图 1-1-17　移液管吸液

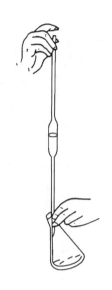

图 1-1-18　移液管放液

五、沉淀的分离

1. 普通过滤法

　　过滤前，先将圆形的滤纸对折两次成扇形，打开成圆锥形，放入玻璃漏斗中。滤纸边沿应略低于漏斗边沿 3～5mm。用手按住滤纸，以少量蒸馏水润湿，轻压四周，使其紧贴在漏斗上（标准漏斗的内角是 60°，能与折叠的滤纸密合。若漏斗的内角略大于或小于60°，则应适当改变滤纸折叠成的角度，才能使二者密合）。

　　将贴好滤纸的漏斗放在漏斗架上，并使漏斗管末端与容器内壁接触（图 1-1-19）。将烧杯中的溶液和沉淀沿着玻璃棒缓缓倒入漏斗中。漏斗中的液面应低于滤纸边沿约 1cm。将烧杯与玻璃棒分开时，应使烧杯转到直立的方向，然后移开烧杯，并将玻璃棒放回该烧杯中。

　　为了加快过滤速度，常用倾析法过滤，即将沉淀尽量沉降后，先过滤清液，后将沉淀转移到滤纸上。其他操作同前。

2. 离心分离法

　　为了使试管中的沉淀和溶液分离得更完全、快速，常用离心分离法，即用离心机（图 1-1-20）将沉淀与溶液分开。

　　在使用离心机时，将盛有沉淀的离心试管放入离心机的试管套内，在与之相对称的另一试管套内也放入盛有等体积水的离心试管，以保持平衡，然后缓缓启动离心机，逐渐加速。停止离心时，让离心机自然停下。

离心分离后，离心试管中的沉淀沉降在底部，用滴管吸出清液，或倾倒出上层液即可。

 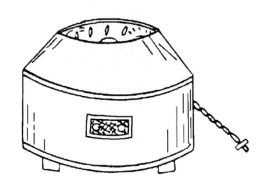

图 1-1-19　普通过滤　　　　　　　　　图 1-1-20　电动离心机

3. 沉淀的洗涤

为了使试管或烧杯中沉淀更加纯净，往往需要洗涤沉淀。对试管中沉淀洗涤时，先加入少量洗涤剂，用玻璃棒搅拌后再进行沉淀的沉降分离（也可采取离心分离），然后用滴管吸出上层清液。对烧杯中的沉淀则采用倾析法洗涤，加入洗涤剂并充分搅拌后，静置片刻使沉淀沉降，再倒出清液，沉淀留在烧杯中。

洗涤剂加入的原则是少量多次，洗涤次数一般以 3 次为宜。

六、分光光度计的使用

1. 分光光度计的测量原理

分光光度计的基本原理是溶液中的物质在光的照射下，对光产生了吸收，物质对光的吸收是具有选择性的。各种不同的物质都具有其各自的吸收光谱，因此当某单色光通过溶液时，其能量就会被吸收而减弱，光能量减弱的程度和物质的浓度有一定的比例关系，如图 1-1-21 所示，它们之间的定量依据是朗伯-比尔定律。物质吸收光的程度可以用吸光度 A 或透光率 T 表示。定义：

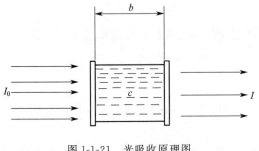

图 1-1-21　光吸收原理图

$$A = \lg \frac{I_0}{I}, T = \frac{I_0}{I}$$

式中　I_0——入射光强度；

　　　I——透射光强度。

$$A = \lg \frac{1}{T}$$

朗伯-比尔定律的数学表达式：

$$A = \varepsilon bc$$

式中　A——吸光度；

　　　c——溶液的浓度，$mol \cdot L^{-1}$；

　　　b——液层厚度，cm；

　　　ε——摩尔吸收系数，$L \cdot mol^{-1} \cdot cm^{-1}$。

从以上公式可以看出，当入射光、吸收系数和溶液的光程长度不变时，透射光强度随溶液的浓度变化，722S 型分光光度计的基本原理符合朗伯-比尔定律。

722S 型分光光度计是一种简洁易用的分光光度法通用仪器，能在 340~1000nm 波长范围内进行透光率、吸光度和浓度直读测定，可广泛适用于医学卫生、临床检验、生物化学、石油化工、环保监测、质量控制等部门作定性定量分析用。详细内容参见书后附录。

2. 722S 型分光光度计的结构

722S 型分光光度计采用光栅自准式色散系统和单光束结构光路，如图 1-1-22 所示。

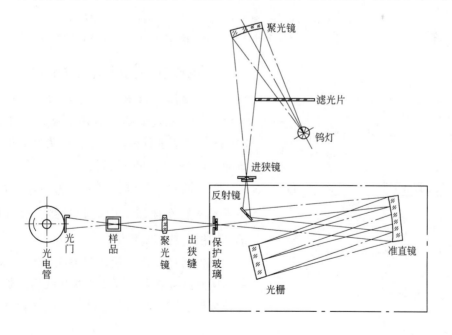

图 1-1-22　722S 型分光光度计光学系统

　　钨灯发出的连续辐射经滤光片、聚光镜聚光后投向单色器进狭缝，此狭缝正好处于聚光镜及单色器内准直镜的焦平面上，因此进入单色器的复合光通过平面反射镜反射到准直镜，准直变成平行光射向色散元件光栅，光栅将入射的复合光通过衍射作用形成按照一定顺序排列的连续单色光谱，此光谱经准直镜后利用聚光原理成像在出射狭缝上，出射狭缝选出指定带宽的单色光通过聚光镜入射在被测样品上，样品吸收后的透射光经光门射向光电管阴极面。为防止灰尘进入单色器设保护玻璃。

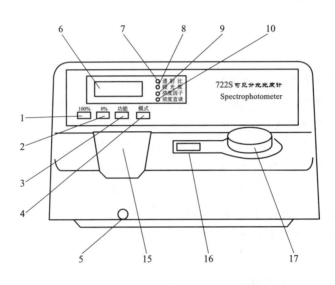

图 1-1-23　722S 型分光光度计外形

1—$\boxed{\uparrow/100\%}$ 键；2—$\boxed{\downarrow/0\%}$ 键；3—$\boxed{功能}$ 键；4—$\boxed{模式}$ 键；5—试样槽架拉杆；6—显示窗 4 位 LED 数字；

7—"透射比"指示灯；8—"吸光度"指示灯；9—"浓度因子"指示灯；

10—"浓度直读"指示灯；15—样品室；16—波长指示窗；17—波长调节钮

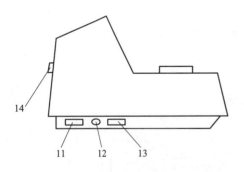

图 1-1-24　722S 型分光光度计侧视图

11—电源插座；12—熔丝座；13—总开关；

14—RS232C 串行接口插座

3. 722S 型分光光度计的操作步骤

　　（1）预热　仪器（见图 1-1-23、图 1-1-24）开机后，灯及电子部分需热平衡，故开机预热 30min 后才能进行测定工作，如紧急应用时请注意随时调 $0\%T$，调 $100\%T$。

　　（2）调零　打开试样盖（关闭光门），或用不透光材料在样品室中遮断光路，然后按 $\boxed{0\%}$ 键，即能自动调整零位。

　　（3）调整波长　使用仪器上波长调节旋钮，根据所测溶液要求，调整仪器测试用波长，具体波长数据在旋钮左侧视窗显示，读波长时目光应垂直观察。

　　（4）校准 $100\%T$ 和 $0\%T$　将空白样品（如果显色剂无色，可使用蒸馏水做空白参比）置入样品室光路中，放下样品室盖；用 模式 键操作，使"透射比 T"显示灯开启，观察视窗读数显示"100.0"，否则手动校准 $100\%T$；打开样品室盖，观察视窗读数显示"0.00"，否则手动校准 $0\%T$；反复 $100\%T$ 和 $0\%T$ 校准，三次稳定。

（5）测量溶液吸光度 A　用 模式 键操作，使"吸光度 A"显示灯开启；手拿比色皿磨砂面，用待测量有色溶液润洗比色皿，然后加注三分之二体积有色溶液（注意透光面清洁干净），竖直放入样品槽中，使光路垂直穿过。放下样品室盖，读出并记录视窗显示吸光度数值。

（6）关机　测量完成后，取出比色皿，清洗干净，关机，记录仪器的使用状况。

七、思考题

（1）使用滴定管进行滴定操作前需要做哪些准备工作？

（2）滴定终点时，滴定管口一滴溶液如何操作？读出滴定管里溶液的体积，可读到小数点后第几位，有效数字是多少位？

（3）使用移液管进行溶液准确分取、转移的操作步骤是什么？转移溶液后，移液管中的残余液体应如何处理？

（4）使用容量瓶准确配制一定浓度的溶液时，基本步骤是什么？

（5）722 型分光光度计的使用操作程序包括哪些？

实验2　酸碱标准溶液的配制与浓度的标定　◀◀◀

一、酸碱标准溶液的配制

（一）实验目的

（1）了解标准溶液的配制方法：直接法和间接法。

（2）熟悉甲基橙和酚酞指示剂的使用和终点的确定。

（二）实验原理

在进行定量分析时，经常要使用标准溶液，例如，滴定分析时待测组分的含量是根据标准溶液的浓度和用量来计算；仪器分析中也是用不同浓度的标准溶液制备工作曲线。因此正确地配制标准溶液，准确地标定标准溶液的浓度，对于提高定量分析的准确度有重要意义。

标准溶液的配制通常有直接法和间接法两种。

1. 直接法

准确称取一定量的基准物质，溶解后，在容量瓶内稀释到一定体积，即可算出标准溶液的准确浓度。但是用直接法配制标准溶液的基准物质，必须具备以下条件：

（1）试剂的纯度足够高（质量分数在 99.9% 以上）；

（2）试剂的组成与化学式完全符合，若含结晶水，其含量也应与化学式相符；

（3）性质稳定，不易与空气中的 O_2 及 CO_2 反应，亦不吸收空气中的水分；

（4）为减小称量时的相对误差，试剂最好具有较大的摩尔质量；

（5）试剂参加滴定反应时，应按反应式定量进行，没有副反应。

2. 间接法

大部分物质大多不能满足上述条件，如酸碱滴定法中常用的氢氧化钠和盐酸，由于浓盐酸容易挥发，NaOH 易吸收空气中的水分和 CO_2，都不能用直接法配制标准溶液，需要采用间接法配制，即粗略地称取一定量的物质（或量取一定量体积的溶液），配制成接近所需浓度的溶液，然后用基准物质或另一种已经用基准物质标定过的标准溶液测定其准确浓度。这种确定浓度的操作称为标定。

强酸滴定强碱在反应终点的附近，pH 值突跃范围比较大（4.3～9.7），因此甲基橙、甲基红、中性红、酚酞等都可指示终点。

（三）仪器和试剂

1. 仪器

量筒（5mL、50mL 各 1 个），试剂瓶（250mL 2 个），台秤，塑料烧杯（50mL 1 个），容量瓶（250mL 2 个），洗瓶，标签。

2. 试剂

固体 NaOH（分析纯），浓盐酸（$1.19g \cdot cm^{-3}$）（分析纯）。

（四）实验内容

1. $0.1mol \cdot L^{-1}$ HCl 溶液配制

用洁净量筒量取浓盐酸 2～2.5mL，倒入洁净的试剂瓶中，用蒸馏水稀释至 250mL，盖上玻璃塞，摇匀，贴上标签备用。

2. $0.1mol \cdot L^{-1}$ NaOH 溶液配制

通过计算求出配制 250mL NaOH 溶液所需固体 NaOH 质量，在台秤上用小烧杯称 NaOH，加蒸馏水溶解，然后将溶液倾入洁净的试剂瓶中，用蒸馏水稀释至 250mL，以橡胶塞塞紧，摇匀，贴上标签。

（五）思考题

配制酸碱标准溶液时，为什么用量筒量取盐酸和用台秤称固体氢氧化钠，而不用移液管和分析天平？配制的溶液浓度应取几位有效数字？为什么？

二、酸碱标准溶液浓度的标定

（一）实验目的

（1）熟练掌握滴定操作和天平差减法称量。

（2）学会标定酸碱标准溶液的浓度。

（3）初步掌握酸碱指示剂的选择方法。

（二）实验原理

酸碱标准溶液是采用间接法配制的，其浓度必须依靠基准物质来标定。也可根据酸碱溶液中已标出其中之一浓度，然后按它们的体积比 $V(HCl)/V(NaOH)$ 来计算出另一种标准溶液的浓度。

（1）标定酸的基准物常用无水碳酸钠或硼砂。以无水碳酸钠为基准标定酸时，应采用甲基橙为指示剂，反应式如下：

$$Na_2CO_3 + 2HCl \xlongequal{\quad} 2NaCl + H_2O + CO_2 \uparrow$$

以硼砂 $Na_2B_4O_7 \cdot 10H_2O$ 为基准物时，反应产物是硼酸（$K_a^{\ominus} = 5.7 \times 10^{-10}$），溶液呈微酸性，因此选用甲基红为指示剂，反应如下：

$$Na_2B_4O_7 + 2HCl + 5H_2O \xlongequal{\quad} 2NaCl + 4H_3BO_3$$

（2）标定碱的基准物常用的有邻苯二甲酸氢钾或草酸。水溶性的有机酸也可选用，如苯甲酸（C_6H_5COOH）、琥珀酸（$H_2C_4H_4O_4$）、氨基磺酸（H_2NSO_3H）和丁二酸 $[(CH_2)_2(COOH)_2]$ 等。

邻苯二甲酸氢钾是一种二元弱酸的共轭碱，它的酸性较弱，$K_{a2}^{\ominus} = 2.9 \times 10^{-6}$，与 NaOH 反应式如下：

反应产物是邻苯二甲酸钾钠，在水溶液中显微碱性，因此应选用酚酞为指示剂。

草酸 $H_2C_2O_4 \cdot 2H_2O$ 是二元酸，由于 $K_{a1}^{\ominus}$ 与 $K_{a2}^{\ominus}$ 值相近，不能分步滴定，反应最终产物为 $Na_2C_2O_4$，在水溶液中呈微碱性，也可采用酚酞为指示剂。

（三）仪器和试剂

1. 仪器

电子天平，锥形瓶（250mL 3 个），酸式滴定管（25mL 1 支），碱式滴定管（25mL 1 支），电炉。

2. 试剂

HCl 标准溶液（0.1mol·L^{-1}），NaOH 标准溶液（0.1mol·L^{-1}），邻苯二甲酸氢钾（基准级），无水碳酸钠（优级纯），甲基橙水溶液（0.1%），酚酞乙醇溶液（0.2%）。

（四）实验内容

1. 盐酸溶液浓度的标定

用差减法（称量方法详见实验 4 天平与称量中差减称量法）准确称取 Na_2CO_3 3 份，每份 0.13g 左右，置于 250mL 锥形瓶中，各加蒸馏水约 50mL，使之溶解，加甲基橙 1 滴，用欲标定的 HCl 溶液滴定。近终点时，应逐滴或半滴加入，直至被滴定的溶液由黄色恰变成橙色为终点。读取读数并正确记入记录表格内。重复上述操作，滴定其余 2 份基准物质。

根据 Na_2CO_3 的质量 m 和消耗 HCl 溶液的体积 $V(HCl)$，可按下式计算 HCl 标准溶

液的浓度 $c(HCl)$。

$$c(HCl) = \frac{2000m}{M(Na_2CO_3) \cdot V(HCl)}$$

式中　$M(Na_2CO_3)$——碳酸钠的摩尔质量。

　　每次标定的结果与平均值的相对偏差的绝对值不得大于 0.3%，否则应重新标定。记录于表 1-2-1 中。

表 1-2-1　HCl 标准溶液浓度的标定

编　　号	Ⅰ	Ⅱ	Ⅲ
Na_2CO_3 质量 m/g			
HCl 终读数/mL			
HCl 始读数/mL			
消耗体积 $V(HCl)$/mL			
$c(HCl)$/mol·L^{-1}			
浓度平均值/mol·L^{-1}			
相对偏差			

2. 碱溶液浓度的标定

　　用差减法准确称取邻苯二甲酸氢钾 0.5g 左右于锥形瓶中，同时称 3 份。各加 50mL 蒸馏水溶解，必要时可小火温热溶解。冷却后加酚酞指示剂 2 滴，用欲标定的 NaOH 标准溶液滴定，近终点时要逐滴或半滴加入，直至被滴定溶液由无色突变为粉红色。摇动后半分钟内不褪色为终点。

　　根据邻苯二甲酸氢钾的质量 m 和消耗 NaOH 标准溶液的体积 $V(NaOH)$，按下式计算 NaOH 标准溶液的浓度 $c(NaOH)$。

$$c(NaOH) = \frac{1000\,m}{M(KHC_8H_4O_4) \cdot V(NaOH)}$$

式中　$M(KHC_8H_4O_4)$——邻苯二甲酸氢钾的摩尔质量。

　　每次标定的结果与平均值的相对偏差的绝对值不得大于 0.3%，否则必须重新标定。记录于表 1-2-2 中。

表 1-2-2　NaOH 标准溶液浓度的标定

编　　号	Ⅰ	Ⅱ	Ⅲ
邻苯二甲酸氢钾质量 m/g			
NaOH 终读数/mL			
NaOH 始读数/mL			
消耗体积 $V(NaOH)$/mL			
$c(NaOH)$/mol·L^{-1}			
浓度平均值/mol·L^{-1}			
相对偏差			

（五）思考题

（1）标定 HCl 溶液时，基准物 Na_2CO_3 称 0.13g 左右，标定 NaOH 溶液时，称邻苯二甲酸氢钾 0.5g 左右，这些称量要求是怎么算出来的？称太多或太少对标定有何影响？

（2）标定用的基准物质应具备哪些条件？

（3）溶解基准物时加入 50mL 蒸馏水应使用移液管还是量筒？为什么？

（4）用邻苯二甲酸氢钾标定氢氧化钠溶液时，为什么选用酚酞指示剂？用甲基橙可以吗？为什么？

（5）$Na_2C_2O_4$ 能否作为标定酸的基准物？为什么？

实验 3　容量器皿的校准　◂◂◂

一、实验目的

（1）掌握滴定管、容量瓶、移液管的使用方法；

（2）练习滴定管、移液管、容量瓶的校准方法，并了解容量器皿校准的意义。

二、实验原理

滴定管、移液管和容量瓶是滴定分析法所用的主要仪器，容量器皿的容积与其所标出的体积并非完全相符合。因此，在准确度要求较高的分析工作中，必须对容量器皿进行校准。

由于玻璃具有热胀冷缩的特性，在不同温度下容量器皿的容积也有所不同。因此，校准玻璃容量器皿时，必须规定一个共同的温度值。这一规定温度值称为标准温度，国际上规定玻璃容量器皿的标准温度为 20℃。即在校准时都将玻璃容量器皿的容积校准到 20℃时的实际容积。

容量器皿常用两种校准方法：

1. 相对校准

要求两种容器体积之间有一定的比例关系时，常采用相对校准的方法。例如，25mL 移液管量取液体的体积应等于 250mL 容量瓶量取体积的 1/10。

2. 绝对校准

绝对校准是测定容量器皿的实际体积。常用的标准方法为衡量法，又叫称量法。即用天平称容量器皿容纳或放出纯水的质量，然后根据水的密度，计算出该容量器皿在标准温度 20℃时的实际体积。校准值＝实际体积－刻度体积。由质量换算成容积时，需考虑三方面的影响：①水的密度随温度的变化；②温度对玻璃器皿溶剂胀缩的影响；③在空气中称量时空气浮力的影响。

为了方便计算，将上述三种因素综合考虑，得到一个总校准值。经总校准后的纯水密度列于表 1-3-1。

表 1-3-1 不同温度下纯水的密度值

(空气密度为 0.0012g·cm^{-3}，钠钙玻璃体膨胀系数 2.6×10^{-5}℃$^{-1}$)

温度/℃	密度/g·cm^{-3}	温度/℃	密度/g·cm^{-3}	温度/℃	密度/g·cm^{-3}
10	0.9984	17	0.9976	24	0.9964
11	0.9983	18	0.9975	25	0.9961
12	0.9982	19	0.9973	26	0.9959
13	0.9981	20	0.9972	27	0.9956
14	0.9980	21	0.9970	28	0.9954
15	0.9979	22	0.9968	29	0.9951
16	0.9978	23	0.9966	30	0.9948

实际应用时，只要称出被校准的容量器皿容纳和放出纯水的质量，再除以该温度时纯水的密度值，便是该容量器皿在 20℃时的实际体积。

3. 溶液体积对温度的校正

容量器皿是以 20℃为标准来校准的，使用时则不一定在 20℃，因此，容量器皿的容积以及溶液体积都会发生改变。由于玻璃的膨胀系数很小，在温度相差不太大时，容量器皿的容积改变可以忽略。溶液的体积与密度有关，因此，可以通过溶液密度来校准温度对溶液体积的影响，稀溶液的密度一般可用相应水的密度来代替。

三、仪器和试剂

1. 仪器

分析天平，酸式滴定管（50mL 1 支），移液管（25mL 1 支），烧杯（150mL 1 个），容量瓶（250mL 1 个，50mL 3 个），温度计（0～100℃，公用），洗耳球。

2. 试剂

去离子水。

四、实验内容

1. 酸式滴定管的校正

（1）将校准用的去离子水、酸式滴定管、移液管在实验台上放置一段时间，使水温和室温相差不超过 0.1℃。

（2）用干净的烧杯盛放适量的去离子水，插入温度计观测并记录水温。

（3）检查要校准的酸式滴定管，确定其不漏水。

（4）酸式滴定管的校准：先将干净并且外部干燥的 50mL 容量瓶，在分析天平上准确称量，可以只精确至 0.01g。将去离子水装满欲校准的酸式滴定管，排除气泡，调节液面至 0.00 刻度处。然后按约 10mL·min^{-1}（水流出不可连成线，保持逐滴滴下）的流速，放出 10mL 去离子水 [要求在 (10±0.1)mL 范围内] 于已称过质量的容量瓶中，盖上瓶塞，再称出容量瓶与水的质量，两次质量之差即为水的质量。用同样方法称量从 10mL 到 20mL，

20mL 到 30mL 等刻度间水的质量。用实验温度时的密度校准滴定管的实验数据列于表 1-3-2。经过校准的滴定管的校准值在实际应用中可以用画曲线的方法来求得各点的校准值。

表 1-3-2　滴定管校准表

水的温度为		℃	水的密度为		$g \cdot cm^{-3}$
滴定管读数	水体积/mL	容量瓶与水的质量/g	水质量/g	实际体积/mL	校准值/mL 实际体积－刻度体积
0.00	0.00	（空瓶）			

2. 移液管的校准

将 25mL 移液管洗净，吸取去离子水至刻度，放入已称量的干净的 50mL 容量瓶中，再称量，根据水的质量计算在此温度时的实际容积。同一支移液管校准两次，而且移液管两次称量差不得超过 20mg，否则重做校准。测量数据按表 1-3-3 记录和计算。

表 1-3-3　移液管校准表

移液管体积/mL	容量瓶质量/g	容量瓶与水的质量/g	水质量/g	实际体积/mL	校准值/mL 实际体积－刻度体积

3. 容量瓶与移液管的相对校准

用 25mL 移液管吸取去离子水注入洁净并干燥的 250mL 容量瓶中（操作时切勿让水碰到容量瓶的磨口）。重复 10 次，然后观察溶液弯月面下缘是否与刻度相切。若不相切，另作新标记。经相互校准后的容量瓶与移液管均做相同记号，可配套使用。

五、思考题

（1）为什么要进行容量器皿的校准？影响容量器皿体积刻度不准确的主要因素有哪些？

（2）称量水的质量时为什么只要精确至 0.01g？

（3）利用称量水法进行容量瓶校准时，为何要求水温和室温一致？若两者有稍微差异时以哪一温度为准？

（4）从滴定管放出去离子水到称量的容量瓶内时，应注意些什么？

实验 4　天平与称量　◄◄◄

一、实验目的

（1）了解台秤、DT-100 单盘天平、FA-1604 电子天平的构造；

（2）熟练操作各类天平，并注意天平的维护。

（3）学习试样的两种称量方法。

二、实验原理

1. 台秤

台秤属于一般天平，用于粗略称量，能准确至 0.1g，最大负荷为 200g。台秤是利用等臂杠杆原理制成的，当天平处于平衡状态时，则天平横梁支点两边的力矩相等。如果天平两臂等长，则被称物体的质量就等于天平另一臂悬挂砝码的质量。这就是天平进行称量的原理。

使用台秤前需先把游码放在刻度尺的零处，检查台秤是否平衡。如果平衡则摆动式指针在标尺上左右所指示的格数相等，当摆动停止时，指针应停在标尺的中线上。如果不平衡，则需调节螺丝使之平衡。

称量时，被称物放在左盘上，然后在右盘内添加砝码。砝码通常从大的加起，10g 以下的砝码用游码代替，直到台秤处于平衡状态为止，砝码和游码质量的总和便是被称物的质量。台秤的砝码和游码可用干净的手指直接拿取或移动。

称量固体试剂时，应在两盘中各放一张重量相等的蜡光纸，使台秤处于平衡状态，然后用药勺将试剂放在左盘的纸上；称量 NaOH、KOH 等容易潮解或有腐蚀性的固体时，应用已称过质量的密闭容器盛放；称液体试剂时，要用已称过质量的容器盛放试剂。

2. DT-100 单盘天平

DT-100 型单盘精密天平（图 1-4-1）用于精确称量，可称准至 0.0001g，最大负荷为 100g。

这种天平属刀刃支承式不等臂单盘天平，横梁上有两只宝石刀，其中一只为支点刀，另一只为承重刀。在天平横梁的前端为砝码架与称盘连接在一起的悬挂系统，横梁的另一端为一固定的配重砣，使天平处于平衡状态。当在悬挂系统称量盘上放置被称物时，悬挂系统由于增加重量而下沉，从而使天平离开原平衡位置。为了保持横梁原有的平衡位置，在悬挂系统中，利用减码手钮，减去一定质量的砝码，使天平恢复到原来的平衡位置。显然放置在称量上的被称物的质量替代了悬挂系统中被减去的那部分砝码的质量。也就是说所减去砝码的质量就是被称物的质量，这种称量原理叫做替代法称量原理。利用这种天平进行不同质量物质的称量时，加到支承刀刃上的负荷始终为固定值，这样就使天平的灵敏度不因被称物质的质量的大小而改变，即不管被称物的质量大小如何，天平灵敏度始终恒定。另外，单盘天平的砝码和被称物在同一悬挂系统中，且同时作用于同一承重刀上，因而被称物和砝码对支点刀的力臂是一致的，不存在由于天平不等臂造成的误差。

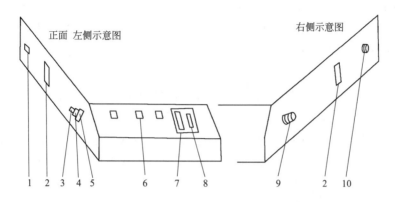

图 1-4-1　DT-100 型单盘精密天平控制手钮示意图

1—电源转换开关；2—停动手钮；3—0.1～0.9g 减码手钮；4—1～9g 减码手钮；5—10～90g 减码手钮；
6—减码数字窗口；7—标尺刻度投影屏；8—微读数字窗口；9—微读手钮；10—调零手钮

DT-100 型的单盘精密天平配置了空气阻尼器和科学的光学系统。当横梁摆动时，由于空气阻尼器的作用而减少了横梁的摆动次数。称量读数通过读数窗口和光学系统直接反映在光屏上，所以称量十分快速。

DT-100 型单盘精密天平操作方法与注意事项如下：

（1）称量前必须检查天平各部分是否正常，每台天平均配备有相应的表面皿，在天平正面标有该表面皿的质量。用小毛刷将表面皿和天平清扫干净。严禁移动天平的位置，严禁调换表面皿。

（2）操作各手钮时均应均匀，缓慢。

（3）调零。首先取出表面皿，转动减码手钮，使减码数字窗口所指示的数字均为"0"。然后接通电源，把天平左侧电源转换开关手钮 1 拨向上方，把停动手钮由垂直位置向前转至水平位置，此时天平由关闭状态转为动作状态，光源便自动明亮。转动微读手钮使微读数字窗口的"0"刻度线与基线重合。再转动调零手钮使标尺刻度投影屏上的"0"刻度线夹于固定双线的正中位置（图 1-4-2），这时零点调整完毕。把停动手钮置于垂直位置上，天平处于关闭状态。

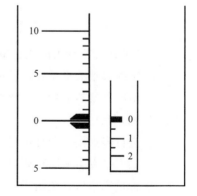

在调零结束后，称量过程中不可再转动调零手钮 10，否则必须重新调零。

图 1-4-2　天平零点调整示意图

（4）称量和读取数字

① 放试样　在处于关闭状态的天平托盘上放上标有质量的表面皿，然后将被称试样放在表面皿中（如表面皿事先未称重，需首先称表面皿，然后再称量试样）。

② 减码　试样放好后，向后旋转停动手钮2，此时天平处于"半开"状态，减码操作可在"半开"状态下进行。转动大手钮可减码10～90g，中手钮可减码1～9g，小手钮可减码0.1～0.9g。减码顺序由大到小逐级操作，减码操作应均匀、缓慢地进行。

③ 称量　设某台天平表面皿质量为8.0000g，某被称物质量为48.42315g（共56.42315g）的称量过程如下：

首先，转动减码大手钮5转至50g，此时标尺刻度投影屏上的固定双线处于标尺正数的刻度范围内，当转到60g时，则固定双线处于负数刻度范围内。由此可知被称物（包括表面皿在内）在50～60g之间，再把大手钮退回到50g位置上。

其次，转动中手钮4，同上操作，当转至6g时，双线位于标尺正数刻度范围内。当转动到7g时则双线位于负数刻度范围内，因此，把中手钮退回到6g位置上。

最后，转动小手钮3，当转至0.4g时，标尺投影屏7上的刻度移动到23～24刻度间停下来。然后将停动手钮转至水平位置，使天平处于动作状态。再转动微读手钮使23刻度线夹于固定双线正中，微读数字窗口8的1.5刻度与固定基线重合，称量即完毕，从减码数字窗口、标尺数字投影屏及微读数字窗口读出质量为56.42315（包括表面皿在内），扣除表面皿8.0000g，被称物的质量为48.42315g，最后一位用"四舍六入五成双"的运算法则处理，其最后结果，被称物的质量为48.4232g（图1-4-3）。

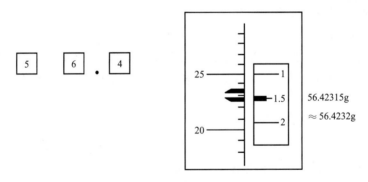

图 1-4-3　物质称量读数示意图

（5）使用分析天平的注意事项

① 不准移动天平位置，不准调换表面皿。

② 不准称量热的物品，潮湿或腐蚀性物质不准直接放在表面皿上称重，应放在密闭的容器内称量。

③ 进行零点校正和称量时，应关闭天平门。

④ 如天平发生故障不要自己动手，应立即报告指导教师。

⑤ 称量完毕后，关闭天平，取出称量物，将减码手钮还原，检查并调整零点。天平内不得留有其他物品，注意保持天平的清洁。拔掉电源，盖好天平罩，再征得指导教师同意后方可离开天平室。

3. 电子天平

FA-1604型电子天平（图1-4-4）是采用MCS-51系列单片微机的多功能电子天平。

操作灵活简单，使用方法如下：

（1）使用前观察水平仪。如水平仪水泡偏移，需调整水平调节脚，使水泡位于水平仪中心位置。

（2）选择合适电源电压，将电压转换开关置于相应位置。天平接通电源，就开始通电工作（显示器未工作），通常需预热 1h 后方可开启显示器进行操作使用。

（3）轻按 ON 键，显示器全亮，对显示器的功能进行检查，约 2s 后，显示天平的型号，然后是称量模式。

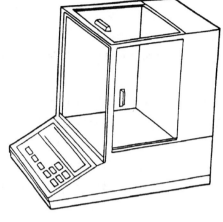

图 1-4-4　电子天平示意图

$$\boxed{\pm 8888888\%} \rightarrow \boxed{-1604-} \rightarrow \boxed{0.0000g}$$

（4）置容器于称量盘上，显示出容器的质量（如 18.9001g），然后轻按 TAR 键，显示消隐，随即出现全零状态，容器质量显示值已去除（去皮重），即天平清零：

$$\boxed{+18.9001g} \rightarrow \boxed{0.0000g}$$

（5）再将被称物加入容器中，这时显示的是被称物的净重，记录读数后取出容器。

（6）称量结束后，轻按 OFF 键，显示器熄灭即可。若要较长时间不再使用天平，应拔去电源插座。

（7）称量过程中，若有散落的被称物，应及时用小刷子清扫干净。检查天平电源关闭后，盖上天平罩。

FA-1604 型电子天平应置于稳定的工作台上，避免振动、阳光照射和气流，工作环境温度不超过 30℃，相对湿度小于 75%。该天平采用轻触按键，使用时只需轻按相应的键即可，不能用力过重。天平必须小心使用，称量盘与外壳需经常用软布轻轻擦洗，且不可用强溶解剂擦洗。

4. 试样的称取方法

用分析天平称取试样，一般采取两次称量法，即试样的质量是由两次称量相减而得出。因为两次称量中都可能包含着相同的天平误差和砝码误差，两次称量相减时，误差可以大部分抵消，使称量结果准确可靠。常用的两次称量法有固定质量称量法和差减称量法。

（1）固定质量称量法　此法适用于称量在空气中没有吸湿性的试样，如金属、矿石、合金等。先称出器皿的质量，然后加入固定质量的砝码，用药勺将试样慢慢加入盛放试样的器皿中，使平衡点与称量空器皿时的平衡点一致。当所加试样与指定的质量相差不到 10mg 时，应极其小心地将盛有试样的药勺伸向器皿中心上方 2~3cm 处，药勺的另一端顶在掌心上，用拇指、中指及掌心拿稳药勺，并以食指轻弹药勺柄，使试样慢慢地抖入器皿中（图 1-4-5），待读数屏幕上指针正好移动到所需要的刻度时，立即停止抖入试样。此步操作必须十分仔细，若不慎多加了试样，只能关闭天平，用药勺取出多余的试样，再重复上述操作直到达到要求为止。

（2）差减称量法　此法常用于称量易吸水、易氧化或易与二氧化碳起反应的物质。称取试样时，先将盛有样品的称量瓶置于天平盘上准确称量。然后用纸条套住称量瓶（图1-4-6）从天平盘上取下，用左手将它举在要放试样的容器上方，右手用小纸片夹住瓶盖柄，打开瓶盖，将称量瓶慢慢地向下倾斜，并用瓶盖轻轻敲击瓶口使试样慢慢落入容器内，注意不要撒在容器外（图1-4-7）。当倾出的试样接近所要称取的质量时，将称量瓶慢慢竖起，同时，用称量瓶盖继续轻轻敲一下瓶口，使粘附在瓶口上的试样落入容器

图 1-4-5　固定质量称量法

内，再盖好瓶盖。然后将称量瓶放回天平盘上称量，两次称得质量之差即为试样的质量。

图 1-4-6　称量瓶拿法

图 1-4-7　试样敲击的方法

三、仪器和试剂

1. 仪器

台秤及砝码（共用），DT-100型单盘精密天平，FA-1604型电子天平，烧杯（50mL 2个），锥形瓶（250mL 3个），称量瓶，表面皿，毛刷，药勺。

2. 试剂

草酸（$H_2C_2O_4 \cdot 2H_2O$）（分析纯），邻苯二甲酸氢钾（分析纯）。

四、实验内容

1. 直接称量法

（1）用台秤称取0.6g草酸（$H_2C_2O_4 \cdot 2H_2O$）晶体两份。

（2）1份晶体用DT-100型电子天平精确称量至0.0001g，把已精确称量的固体

$H_2C_2O_4 \cdot 2H_2O$ 定量转移到已洗净并烘干的 $100mL$ 烧杯内。

（3）用 FA-1604 型电子天平称量已烘干的 $50mL$ 烧杯，去皮清零后，将另一份晶体加入烧杯中，记录被称物的名称及净重。

（4）用表面皿把两个烧杯盖好，交指导教师保管好，供以后实验用。

2. 差减法称量

准备 3 只洁净并编号的 $250mL$ 锥形瓶。称量瓶内已装有邻苯二甲酸氢钾，且置于干燥器中。按差减法称取 3 份 $0.4 \sim 0.6g$ 试样于 3 个锥形瓶中，数据记录于表 1-4-1。

表 1-4-1　数据记录表

锥形瓶编号	Ⅰ	Ⅱ	Ⅲ
[称量瓶+试样]m_1/g			
[称量瓶+试样]m_2/g			
[试样质量]$m/g=m_1/g-m_2/g$			

五、思考题

（1）用台秤和 DT-100 型单盘精密天平称量同一物体时，其质量的数值能否取相同的有效数字？若以 g 为单位，DT-100 型单盘精密天平可称准到小数点后第几位？如称量的试样的质量为 $0.6000g$，能否写成 $0.6g$？为什么？

（2）DT-100 型单盘精密天平在加减砝码及取放物质之前，必须关闭天平，为什么？

（3）在称量时如何较快地确定物质的质量范围？

（4）怎样维护电子天平的精度？

实验 5　化学反应速率与活化能的测定　◀◀◀

一、实验目的

（1）测定过二硫酸铵与碘化钾反应速率、反应级数和活化能。

（2）了解浓度、温度、催化剂对化学反应速率的影响。

二、实验原理

在水溶液中，过二硫酸铵与碘化钾发生如下反应：

$$(NH_4)_2S_2O_8 + 2KI =\!=\!= (NH_4)_2SO_4 + K_2SO_4 + I_2$$

离子反应方程式为：

$$S_2O_8^{2-}(aq)+2I^-(aq)\Longrightarrow 2SO_4^{2-}(aq)+I_2(aq) \qquad (1\text{-}5\text{-}1)$$

其平均反应速率可表示为：

$$v=-\frac{\Delta c(S_2O_8^{2-})}{\Delta t}=k\left[c(S_2O_8^{2-})\right]^m\cdot\left[c(I^-)\right]^n$$

式中　　v——平均反应速率，$mol\cdot L^{-1}\cdot s^{-1}$；

Δt——时间间隔，s；

$\Delta c(S_2O_8^{2-})$——Δt 时间间隔内 $S_2O_8^{2-}$ 浓度的改变值，$mol\cdot L^{-1}$；

k——反应速率常数；

m——$S_2O_8^{2-}$ 的反应级数；

n——I^- 的反应级数。

为了测得 Δt 时间内的 $\Delta c(S_2O_8^{2-})$，在 $(NH_4)_2S_2O_8$ 溶液与 KI 溶液相混合的同时，在各次实验中，都加入等量的已知浓度的 $Na_2S_2O_3$ 溶液和作为指示剂的淀粉溶液。这样便在进行反应式（1-5-1）的同时，还进行如下反应

$$2S_2O_3^{2-}(aq)+I_2(aq)\Longrightarrow S_4O_6^{2-}(aq)+I^-(aq) \qquad (1\text{-}5\text{-}2)$$

反应式（1-5-2）的反应速率比反应（1）大得多，几乎瞬间便能完成。由反应（1-5-1）生成的 I_2 立刻与 $S_2O_3^{2-}$ 作用，生成了无色的 $S_4O_6^{2-}$ 和 I^-。因此，在开始一段时间内，看不到 I_2 与淀粉作用而显示出来的特有的蓝色。但是一旦 $Na_2S_2O_3$ 耗尽，由反应（1-5-1）继续生成的微量 I_2 立即与淀粉作用，使溶液显蓝色。由反应（1）可知，I_2 的生成与 $S_2O_8^{2-}$ 的消耗成正比，所以，溶液呈现蓝色的时间可以反映出 $S_2O_8^{2-}$（或 I^-）消耗的快慢。

从反应式（1-5-1）和反应式（1-5-2）的关系可看出，$S_2O_8^{2-}$ 浓度减少的量等于 $S_2O_3^{2-}$ 浓度减少量的一半。即

$$\Delta c(S_2O_8^{2-})=\frac{\Delta c(S_2O_3^{2-})}{2}$$

记录从反应开始到溶液呈现蓝色所需要的时间便是 Δt。因为在 Δt 时间内 $S_2O_3^{2-}$ 全部耗尽，所以 $\Delta c(S_2O_3^{2-})$ 实际上就是反应开始时 $Na_2S_2O_3$ 的浓度。在本实验中，由于每份混合溶液中 $Na_2S_2O_3$ 的起始浓度都相同，因而 $\Delta c(S_2O_3^{2-})$ 也是相同的。这样，只要记下从反应开始到溶液呈现蓝色所需要的时间 Δt，就可以求算出反应速率 v。再由不同浓度下测得的反应速率计算出该反应的反应级数 m 和 n。并从下式计算出反应速率常数 k。

$$k=-\frac{\Delta c(S_2O_8^{2-})}{\Delta t\cdot\left[c(S_2O_8^{2-})\right]^m\cdot\left[c(I^-)\right]^n}$$

在相同温度下，对同一反应来说，速率常数 k 值不变。所以，在相同温度下测得不同浓度的反应速率，便可算出反应级数 m 和 n。

测 m 时，令 $c(I^-)$ 不变，改变 $c(S_2O_8^{2-})$，把表 1-5-1 实验Ⅰ和Ⅲ结果代入下式

$$\frac{v_{\text{I}}}{v_{\text{III}}} = \frac{k \cdot [c(S_2O_8^{2-})_{\text{I}}]^m \cdot [c(I^-)_{\text{I}}]^n}{k \cdot [c(S_2O_8^{2-})_{\text{III}}]^m \cdot [c(I^-)_{\text{III}}]^n}$$

因 $c(I^-)_{\text{I}} = c(I^-)_{\text{III}}$，所以

$$\frac{v_{\text{I}}}{v_{\text{III}}} = \frac{[c(S_2O_8^{2-})_{\text{I}}]^m}{[c(S_2O_8^{2-})_{\text{III}}]^m}$$

代入实验数据 v_{I}、v_{III}、$c(S_2O_8^{2-})_{\text{I}}$、$c(S_2O_8^{2-})_{\text{III}}$，便可求得 m 值。

测 n 时，则令 $c(S_2O_8^{2-})$ 不变，改变 $c(I^-)$，把表 1-5-1 实验 I 和 V 结果代入下式

$$\frac{v_{\text{I}}}{v_{\text{V}}} = \frac{k \cdot [c(S_2O_8^{2-})_{\text{I}}]^m \cdot [c(I^-)_{\text{I}}]^n}{k \cdot [c(S_2O_8^{2-})_{\text{V}}]^m \cdot [c(I^-)_{\text{V}}]^n}$$

因 $c(S_2O_8^{2-})_{\text{I}} = c(S_2O_8^{2-})_{\text{V}}$，所以

$$\frac{v_{\text{I}}}{v_{\text{V}}} = \frac{[c(I^-)_{\text{I}}]^n}{[c(I^-)_{\text{V}}]^n}$$

代入实验数据 v_{I}、v_{V}、$c(I^-)_{\text{I}}$、$c(I^-)_{\text{V}}$，便可求得 n 值。

本实验中，反应（1-5-1）的 m 与 n 近似等于 1，总反应级数为二级，所以反应（1-5-1）的速率方程为

$$v = -\frac{\Delta c(S_2O_8^{2-})}{\Delta t} = k[c(S_2O_8^{2-})] \cdot [c(I^-)]$$

$$k = \frac{v}{[c(S_2O_8^{2-})] \cdot [c(I^-)]}$$

对于同一反应，在不同温度 T_{I} 和 T_{II} 进行时，其速率常数分别为 k_{I} 和 k_{II}。根据阿仑尼乌斯公式则有

$$\ln\frac{k_{\text{I}}}{k_{\text{II}}} = \frac{E_a(T_{\text{I}} - T_{\text{II}})}{T_{\text{I}}T_{\text{II}}R}$$

式中 R——气体常数，其值为 $8.314 \text{J} \cdot \text{mol}^{-1} \cdot \text{K}^{-1}$；

E_a——反应的活化能，$\text{J} \cdot \text{mol}^{-1}$。

若在不同温度 T_{I} 和 T_{II} 进行同一实验，取得 k_{I} 和 k_{II} 后，便可由上式求得 E_a。

催化剂能降低反应的活化能，增大反应中活化分子的百分数，使反应的 k 值增大，从而增大了反应速率。例如，MnO_2 能加速 H_2O_2 的分解，在野外，地质工作者常利用 H_2O_2 水溶液来检验软锰矿（$MnO_2 \cdot nH_2O$）的存在。

三、仪器和试剂

1. 仪器

量筒（20mL 4 个，10mL 2 个），烧杯（100mL 5 个，500mL 1 个），大试管（1 支），试管（10 支），酒精灯，温度计，秒表，药勺，洗瓶，玻璃棒，火柴，电子恒温水箱，试管夹。

2. 试剂

溶液：$(NH_4)_2S_2O_8$（0.20mol·L^{-1}），KI（0.20mol·L^{-1}），$Na_2S_2O_3$（0.010mol·L^{-1}），KNO_3（0.20mol·L^{-1}），$(NH_4)_2SO_4$（0.20mol·L^{-1}），$Cu(NO_3)_2$（0.02mol·L^{-1}），$CuSO_4$（0.1mol·L^{-1}），H_2O_2（3%），淀粉溶液（0.4%）。

固体：MnO_2（粉末），Zn（粒状，粉状）。

四、实验内容

1. 浓度对反应速率的影响

在室温下，用3个移液器（每种试剂所用的移液器都要贴上标签，以免混用）分别量取 2.0mL 0.20mol·L^{-1}KI溶液、0.8mL 0.010mol·L^{-1} $Na_2S_2O_3$溶液和0.2mL 0.4%淀粉溶液，都加入50mL烧杯中，混合均匀。再用另一量筒量取 2.0mL 0.20mol·L^{-1} $(NH_4)_2S_2O_8$溶液，快速加入上述烧杯中，同时开动秒表并不断搅拌，当溶液刚出现蓝色时，立即停止秒表，记下时间及室温。

表 1-5-1　浓度对化学反应速率影响的实验记录表

	实验序号	I	II	III	IV	V
	反应温度/K					
试剂的用量/mL	KI 溶液(0.20mol·L^{-1})	2	2	2	1	0.5
	$Na_2S_2O_3$ 溶液(0.010mol·L^{-1})	0.8	0.8	0.8	0.8	0.8
	淀粉溶液(0.4%)	0.2	0.2	0.2	0.2	0.2
	KNO_3 溶液(0.20mol·L^{-1})	0	0	0	1	1.5
	$(NH_4)_2SO_4$ 溶液(0.20mol·L^{-1})	0	1	1.5	0	0
	$(NH_4)_2S_2O_8$ 溶液(0.20mol·L^{-1})	2	1	0.5	2	2
反应物起始浓度/mol·L^{-1}	KI					
	$Na_2S_2O_3$					
	$(NH_4)_2S_2O_8$					
	反应时间 Δt/s					
	$S_2O_8^{2-}$ 的浓度变化 $\Delta c(S_2O_8^{2-})$/mol·L^{-1}					
	$v=-[\Delta c(S_2O_8^{2-})/\Delta t]$/mol·$L^{-1}$·$s^{-1}$					
	$k_1=v/\{[c(S_2O_8^{2-})]^m·[c(I^-)]^n\}$					

用上述同样的方法按表 1-5-1 中的用量进行另外 4 次实验。为了使每次实验中溶液的离子强度和总体积相同，不足的量分别用 0.20mol·L^{-1} KNO_3 溶液和 0.20mol·L^{-1} $(NH_4)_2SO_4$ 溶液补足。

把取得的数据和计算的结果填入表 1-5-1 中，然后按原理中的方法，求 m 和 n，并写出反应的速率方程，总结出浓度对反应速率的影响。

2. 温度对化学反应速率的影响及反应的活化能（E_a）的测定

按表 1-5-1 中实验Ⅳ的用量，把 KI、$Na_2S_2O_3$、KNO_3 和淀粉溶液放入 100mL 烧杯中，把（$NH_4)_2S_2O_8$ 溶液放入大试管中。把它们同时放在热水浴中加温至比室温高约 10K，然后把（$NH_4)_2S_2O_8$ 溶液快速倒入到装有混合液的烧杯中，同时开动秒表，不断搅拌，当溶液刚出现蓝色时，立即停表记下反应时间。把有关数据填入表 1-5-2 中。

表 1-5-2　温度对化学反应速率影响的实验记录

室温 T_1/K	
反应温度 T_2/K	
反应时间 Δt/s	
反应速率 v/mol·L^{-1}·s^{-1}	
速率常数 k_2	
活化能 $E_a = RT_1T_2\ln(k_2/k_1)/(T_2-T_1)$/J·mol^{-1}	

注：室温为 T_1，其速率常数为 k_1；室温为 T_2，速率常数为 k_2。

3. 催化剂对反应速率的影响

（1）均相催化　$Cu(NO_3)_2$ 可以加速（$NH_4)_2S_2O_8$ 与 KI 的反应。

按表 1-5-1 中实验Ⅳ的用量，把 KI、$Na_2S_2O_3$、KNO_3 和淀粉溶液放入 50mL 烧杯中。再加入 1 滴 0.02mol·L^{-1} $Cu(NO_3)_2$ 溶液，搅拌均匀，然后迅速加入（$NH_4)_2S_2O_8$ 溶液，搅拌至溶液刚出现蓝色时，记下反应时间。把此实验的反应速率与表 1-5-1 实验Ⅳ的反应速率进行比较，并得出结论。

（2）多相催化　MnO_2 对 H_2O_2 分解反应的催化作用。

取 2 支试管各加约 1mL 3% H_2O_2，观察是否有气泡产生（什么气体？），然后用药勺的小端取少量的 MnO_2 粉末放入其中 1 支试管中，观察实验现象，比较 H_2O_2 的分解速率，并用烧后带有余烬的细木条伸入试管中，检查放出的气体，写出 H_2O_2 分解反应方程式。

4. 不均匀体系的化学反应速率

取 2 支试管，各加入 1mL 0.1mol·L^{-1} $CuSO_4$ 溶液，然后在 1 支试管中加入 1～2 粒锌粒；往另 1 支试管中加入少量的锌粉，观察两支试管中溶液颜色的变化，比较两者的反应速率，写出反应方程式并得出结论。

五、思考题

（1）从试验结果说明哪些因素影响化学反应速率？它们是怎样影响的？

（2）下列情况对实验结果有何影响？分析原因。

① 取用试剂的量筒没有分开专用；

② 先加（$NH_4)_2S_2O_8$ 溶液，最后加 KI 溶液；

③ 慢慢地加入 $(NH_4)_2S_2O_8$ 溶液。

实验6 醋酸的解离度与解离常数的测定 ◂◂◂

一、实验目的

(1) 了解测定醋酸解离度和解离常数的原理和方法。
(2) 学习酸度计的使用及测定方法。
(3) 再次练习移液管、滴定管的基本操作。

二、实验原理

(一) 单相离子平衡

醋酸 HAc 是一种弱酸，在水溶液中存在下述平衡

$$HAc(aq) \Longleftrightarrow H^+(aq) + Ac^-(aq)$$

$$\alpha = \frac{\text{已解离的醋酸溶液的浓度}}{\text{醋酸溶液的起始浓度}} = \frac{c^{eq}(H^+)}{c}$$

$$K_a^{\ominus} = \frac{c^{eq}(H^+) \cdot c^{eq}(Ac^-)}{c^{eq}(HAc)} = \frac{(c\alpha)^2}{c - c\alpha} = \frac{c\alpha^2}{1 - \alpha}$$

式中　α——醋酸的解离度；

$K_a^{\ominus}$——醋酸的解离常数，$mol \cdot L^{-1}$；

$c^{eq}(H^+)$——平衡时 H^+ 的物质的量浓度，$mol \cdot L^{-1}$；

$c^{eq}(Ac^-)$——平衡时 Ac^- 的物质的量浓度，$mol \cdot L^{-1}$；

$c^{eq}(HAc)$——平衡时 HAc 的物质的量浓度，$mol \cdot L^{-1}$；

c——HAc 的起始浓度，$mol \cdot L^{-1}$。

测定醋酸的 α 和 $K_a^{\ominus}$ 的方法主要是 pH 法。通过对已知浓度的醋酸溶液的 pH 值的测定，根据公式的计算，便可求得醋酸的解离度和解离常数。

(二) pH 法测量原理

pH 法是利用 PHS-2C 或 PHS-3C 型酸度计，通过测量电势差的方法来测定溶液 pH 值的一种方法。酸度计的主要部件有指示电极、参比电极、与电极相连接的电表等电路系统。

1. 参比电极

在温度一定时，测量过程中参比电极的电极电势保持恒定不变。常用的参比电极是甘汞电极（图 1-6-1），电极的组成是 $Pt \,|\, Hg \,|\, Hg_2Cl_2 \,|\, Cl^-$，电极反应为：

$$Hg_2Cl_2(s) + 2e^- \Longleftrightarrow 2Hg(l) + 2Cl^-(aq)$$

298.15K 甘汞电极的电极电势

$$\varphi(Hg_2Cl_2/Hg) = \varphi^{\ominus}(Hg_2Cl_2/Hg) - \frac{0.05917V}{2}lg[c(Cl^-)]^2$$

式中　$\varphi(Hg_2Cl_2/Hg)$——甘汞电极的电极电势，V；

$\varphi^{\ominus}(Hg_2Cl_2/Hg)$——甘汞电极的标准电极电势，V；

$c(Cl^-)$——平衡时溶液中的 Cl^- 的物质的量的浓度，$mol \cdot L^{-1}$。

当温度一定时，$\varphi(Hg_2Cl_2/Hg)$ 的值决定于 $c(Cl^-)$，当 $c(Cl^-)$ 一定时，$\varphi(Hg_2Cl_2/Hg)$ 也随之而定，与被测溶液的 pH 值无关。所以不同浓度 KCl 的甘汞电极其电极电势具有不同的恒定值，如 298.15K 时，饱和 KCl 溶液的甘汞电极的电极电势为 $+0.2416V$。

2. 指示电极

指示电极是一个能反映被测离子浓度（活度）变化的电极。玻璃电极（图 1-6-2）便是一种能反映待测溶液中氢离子浓度变化的电极（即氢离子的选择性电极）。电极的下部是一个厚度仅有 0.5mm 的玻璃球，其上玻璃薄膜具有导电性，是一个只允许 H^+ 通过的半透膜，球内装有一定 pH 值的缓冲溶液和一个氯化银电极。把玻璃电极插入待测 H^+ 浓度的溶液中，便组成一个电极：

$$Ag|AgCl(s)|缓冲溶液|玻璃薄膜|待测溶液$$

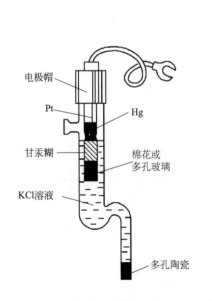

图 1-6-1　甘汞电极示意图

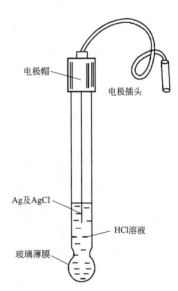

图 1-6-2　玻璃电极示意图

当玻璃薄膜两边 H^+ 浓度不同时，H^+ 由较浓浓度的一侧向较稀的一侧扩散而产生电势差，此电势差值的大小决定于玻璃薄膜内外 H^+ 的浓度差。因为玻璃球内装的是 pH 基本不变的缓冲溶液，所以玻璃电极产生的电势差仅决定于待测溶液的 H^+ 浓度，即玻璃电极的电势值随待测溶液的 pH 值的不同而不同，298.15K 时：

$$\varphi(玻璃电极)=\varphi^{\ominus}(玻璃电极)-0.05917V\times pH$$

式中 $\varphi(玻璃电极)$——玻璃电极的电极电势，V；

$\varphi^{\ominus}(玻璃电极)$——玻璃电极的标准电极电势，V。

本实验所使用的酸度计为 PHS-3C 型，所使用的电极为玻璃电极和参比电极组合在一起的塑壳可充式复合电极。

3. 测量原理

若将复合电极插入待测溶液便组成一个原电池，测出 298.15K 时，该原电池的电动势 E：

$$
\begin{aligned}
E &= \varphi_+ - \varphi_- = \varphi(甘汞电极) - \varphi(玻璃电极)\\
&= \varphi(甘汞电极) - [\varphi^{\ominus}(玻璃电极) - 0.05917V\times pH]\\
&= 0.2416V - \varphi^{\ominus}(玻璃电极) + 0.05917V\times pH
\end{aligned}
$$

$$pH = \frac{E - 0.2416V + \varphi^{\ominus}(玻璃电极)}{0.05917V}$$

若已知 $\varphi^{\ominus}(玻璃电极)$[$\varphi^{\ominus}(玻璃电极)$ 可用一个已知 pH 的缓冲溶液代替待测溶液测得电动势 E 后求得]，则可从测得的原电池电动势 E 求得被测溶液的 pH 值。即可根据公式求得醋酸的解离常数 $K_a^{\ominus}(HAc)$ 和解离度 $\alpha(HAc)$。在酸度计上一般是把测得的原电池电动势直接用 pH 值表示出来。

(三) PHS-3C 型酸度计的操作步骤

PHS-3C 型酸度计面板如图 1-6-3 所示，各调节旋钮的基本作用如下。

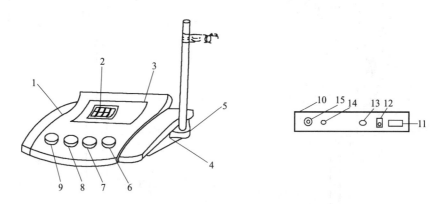

图 1-6-3　PHS-3C 型酸度计示意图

1—机箱盖；2—显示屏；3—面板；4—机箱底；5—电极梗插座；6—定位调节旋钮；7—斜率补偿调节旋钮；

8—温度补偿调节旋钮；9—选择开关旋钮；10—仪器后面板；11—电源插座；12—电源开关；

13—保险丝；14—参比电极插口；15—测量电极插座

"温度"调节旋钮是用于补偿由于溶液温度不同时对测量结果产生的影响。因此在进行溶液 pH 校正时，必须将此旋钮调至该溶液温度值上。在进行电极电势值测量时，此旋钮无作用。

"斜率"调节旋钮是用于补偿电极转换系数。由于实际的电极系统并不能达到理论上转换系数（100%），因此，设置此调节旋钮是便于用二点校正法对电极系统进行 pH 校正，使仪器能更精确测量溶液的 pH 值。

由于当玻璃电极（本仪器的零电势为 pH=7，因此仅适应配用零电位 pH 值为 7 的玻璃电极）和甘汞电极浸入 pH=7 的缓冲溶液中时，其电势不能达到理论上的 0mV，而有一定值，该电势差称为不对称电势。这个值的大小取决于玻璃电极膜材料的性质、内外参比体系、待测溶液的性质和温度等因素。"定位"调节旋钮就是用于消除电极不对称电势对测量结果所产生的误差。

"选择"开关供选定仪器的测量功能。

PHS-3C 型酸度计的使用方法如下：

1. 准备

接通电源后，开启仪器上的电源开关，显示屏即亮，酸度计经预热 30min，即可开始工作。

2. 电极的安装

首先用蒸馏水清洗电极，清洗后用滤纸吸干电极底部的水分，然后将复合电极夹好，调节电极的高度。

3. 标定

仪器附有 3 种标准缓冲溶液，根据情况选用 2 种与被测溶液的 pH 值较接近的缓冲溶液对仪器进行标定。标定的操作步骤为：

（1）将选择旋钮（pH-mV）置于 pH 挡，调节温度补偿调节旋钮，使旋钮对准溶液的温度值；

（2）把斜率调节旋钮顺时针旋到底（即调到 100% 位置）；

（3）将清洗过的复合电极浸入装有一定量的已知 pH 值的标准缓冲溶液（pH=6.86）的烧杯中，调节电极夹，使复合电极全部浸入溶液中；

（4）调节定位调节旋钮，使仪器显示读数与该缓冲溶液的 pH 值相一致（pH=6.86）；

（5）用蒸馏水清洗电极，再将复合电极浸入 pH=4.00 的标准缓冲溶液的烧杯中，调节斜率旋钮到 pH=4.00；

（6）校准完毕后，从缓冲溶液中取出电极，用蒸馏水将电极小心冲洗干净，即校准完毕。

4. 测量待测溶液的 pH 值

经校准的仪器，一般情况下，在 24h 内不需要再校准，即可用来测量被测溶液。一般在待测溶液的温度与标准溶液一致时，测量步骤如下：

（1）经校准后，仪器的定位及斜率两调节旋钮不得改变，否则需重新校准；

（2）用蒸馏水清洗电极，并用滤纸将附于电极上的水吸干，或用少量待测溶液冲洗电极，然后把电极浸入待测溶液中，轻轻摇动烧杯使溶液均匀；

（3）在显示屏上读出溶液的 pH 值。

5. 电位测量

测量时，将选择开关拨至（mV），然后插入电极，在屏幕上读出电位值。

6. 仪器的使用与维护

（1）复合电极的使用与维护注意事项

① 电极在测量前必须用已知 pH 值的标准缓冲溶液进行定位校准，其值愈接近被测值愈好。

② 取下电极套后，应避免电极的敏感玻璃泡与硬物接触，因为任何破损或擦毛都使电极失效。

③ 测量后，及时将电极保护套套上，套内应放少量补充液以保持电极球泡的湿润。切忌浸泡在蒸馏水中。

④ 符合电极的外参比补充液为 $3 \, mol \cdot L^{-1}$ 氯化钾溶液，补充液可从电极上端小孔加入。

⑤ 电极的引出端必须保持清洁干燥，绝对防止输出端短路，否则将导致测量失准或失效。

⑥ 电极应与输入阻抗较高的酸度计（$\geq 10^{12} \, \Omega$）配套，以使其保持良好的特性。

⑦ 电极应避免长期浸泡在蒸馏水、蛋白质溶液和酸性氟化物溶液中。

⑧ 电极避免与有机硅油接触。

⑨ 电极经长期使用后，如发现斜率略有降低，则可把电极下端浸泡在 4% 的氢氟酸中 3～5s，用蒸馏水洗净，然后在 $0.1 \, mol \cdot L^{-1}$ 盐酸溶液中浸泡，使之复新。

⑩ 被测溶液中如含有易污染敏感球泡或堵塞液接界的物质而使电极钝化，会出现斜率降低现象，显示读数不准。如发生该现象，则应根据污染物质的性质，用适当溶液清洗，使电极复新。

选用清洗剂时，不能用四氯化碳、三氯乙烯、四氢呋喃等能溶解聚碳酸树脂的清洗液，因为电极外壳是用聚碳酸树脂制成的，其溶解后极易污染敏感玻璃球泡，从而使电极失效，也不能用复合电极去测上述溶液。

（2）使用甘汞电极注意事项

① 甘汞电极内部的小玻璃管下口应浸没在 KCl 溶液中方能使用，并且在弯管内不允许有气泡将溶液隔断。

② 电极的下端为一塞有石棉丝的毛细孔，在测量时允许有少量 KCl 溶液流出，但不允许有被测溶液流入，为此，使用时最好把上面侧管的小橡胶塞拔去，以保持足够的液位差。

③ 甘汞电极不用时，用橡胶套将下端毛细孔套住，或浸在饱和 KCl 溶液内，不要与玻璃电极同时浸在蒸馏水中。

（3）使用玻璃电极注意事项

① 切忌与硬物相碰，否则玻璃球破裂，电极则失效。

② 初次使用时，应先把玻璃电极浸泡在蒸馏水中数小时（最好一昼夜），以使其性能稳定，不用时，最好把它经常浸在蒸馏水中，以便使用时简化浸泡和校正手续。

③ 在强碱性溶液中使用时应尽快操作，用完后立即用蒸馏水洗涤，以免碱液腐蚀玻璃。

④ 玻璃膜不可沾有油污，如不慎沾污，则应先浸入酒精中，再浸泡于乙醚或四氯化碳中，然后再移到酒精中浸泡，最后用水冲洗并浸入蒸馏水中保存。

（4）使用酸度计注意事项

① 保持干燥清洁，防止灰尘、水汽的浸入。

② 在环境湿度较高的场所使用时，应把电极插头用干净纱布擦干。

③ 在使用缓冲溶液校准仪器时，要保证缓冲溶液的可靠，不能配错缓冲溶液，否则将使测量结果不准。

三、仪器和试剂

1. 仪器

PHS-3C 型酸度计，复合电极，碱式滴定管（25mL 1 支），酸式滴定管（25mL 1 支）或移液管（20mL 1 支），塑料烧杯（50mL 2 个），锥形瓶（250mL 3 个），容量瓶（50mL 4 个），烧杯（50mL 5 个），温度计，蝴蝶夹，铁架台，导线，白瓷板，洗耳球，滤纸，玻璃棒，废液杯，洗瓶。

2. 试剂

NaOH 标准溶液，标准缓冲溶液（pH＝6.86，pH＝4.00），HAc 溶液（0.1mol·L^{-1}），酚酞指示剂（1%）。

四、实验内容

1. 醋酸溶液浓度的测定

用移液管吸取 20.00mL 待测的 HAc 溶液，放入已洗净的 250mL 锥形瓶中，并滴加 2～3 滴酚酞指示剂，用碱式滴定管中的 NaOH 标准溶液滴定至溶液刚呈现微红色，摇匀，溶液在半分钟内不褪色即为终点，记录所用 NaOH 溶液的体积。

另取 2 份 20.00mL HAc 溶液，重复滴定 2 次（要求每次滴定消耗 NaOH 溶液体积之差小于 0.08mL），将实验数据记录于表 1-6-1 中。

2. 配制不同浓度的醋酸溶液

用酸式滴定管分别取 2.50mL、5.00mL、10.00mL 和 20.00mL HAc 溶液于 4 个 50mL 容量瓶中，用蒸馏水稀释至刻度摇匀，配制的 4 种浓度的醋酸溶液，实验数据记录于表 1-6-2。

表 1-6-1　醋酸溶液的浓度实验数据记录表

序号	1	2	3
NaOH 标准溶液浓度 $c(\text{NaOH})/\text{mol} \cdot \text{L}^{-1}$			
所取待测 HAc 溶液体积 $V(\text{HAc})/\text{mL}$			
滴定前 NaOH 标准溶液读数 V_0/mL			
滴定后 NaOH 标准溶液读数 V_1/mL			
$V(\text{NaOH}) = (V_1 - V_0)/\text{mL}$			
HAc 溶液浓度 $c(\text{HAc})/\text{mol} \cdot \text{L}^{-1}$			
平均浓度 $\bar{c}(\text{HAc})/\text{mol} \cdot \text{L}^{-1}$			

表 1-6-2　配制醋酸溶液浓度记录表

序号	加入 HAc 溶液体积 $V(\text{HAc})/\text{mL}$	稀释至总体积/mL	配制的醋酸溶液浓度 $c(\text{HAc})/\text{mol} \cdot \text{L}^{-1}$
1			
2			
3			
4			

3. 测定 HAc 溶液 K_a 值

用 5 个干燥的 50mL 烧杯（或用少量被测溶液洗涤内壁 2~3 次），分别加入上述 4 种浓度及未经稀释的醋酸溶液各 20mL（是否需要准确量取体积？为什么？），序号依次为 1~5，由稀到浓依次用 PHS-3C 型酸度计测定其 pH 值，记录实验数据于表 1-6-3 中。

表 1-6-3　pH 法测定醋酸解离度和解离常数记录表

序号	1	2	3	4	5
室温/K					
$c(\text{HAc})/\text{mol} \cdot \text{L}^{-1}$					
pH					
$c(\text{H}^+)/\text{mol} \cdot \text{L}^{-1}$					
$\alpha(\text{HAc})$					
$K_a^{\ominus}(\text{HAc})$					
$K_a^{\ominus}(\text{HAc})$平均值					

五、思考题

（1）本实验是如何测定 HAc 的准确浓度的，其依据是什么？

（2）若改变所测 HAc 的浓度或温度，则它的解离度和解离常数有无变化？

（3）在测定一系列同种弱酸的 pH 值时，为什么应按浓度由稀到浓依次测定？

（4）如何校正酸度计，怎样才算校正完毕？

实验 7 去离子水的制备与水质分析 ◀◀◀

一、实验目的

（1）学习去离子水制备方法。

（2）掌握水质分析的方法。

（3）练习电导率仪的使用并掌握其在水质分析中的应用。

二、实验原理

1. 去离子水的制备

天然水和自来水中常混有钠、钙、钾、镁等金属离子的碳酸盐、硫酸盐和氯化物等杂质。为了除去这些杂质以满足科学研究，生产和生活用水的要求，常采用离子交换法。去除这些杂质后的纯水是弱电解质，其导电能力大幅度下降，通过测定离子交换前后水样的电导率，可以确定水的纯度。

离子交换树脂由高分子骨架、离子交换基团和孔三部分组成。其中离子交换基团连在高分子骨架（R）上。按官能团性质的不同可分为阳离子交换树脂和阴离子交换树脂。它的特点是性质稳定，与酸、碱及一般有机溶剂都不起作用。

它们和水溶液中的离子分别发生如下可逆反应：

阳离子交换树脂（氢型）：$n\text{RH} + \text{M}^{n+}(\text{Na}^+, \text{Ca}^{2+}, \text{Mg}^{2+}) \rightleftharpoons \text{R}_n\text{M} + n\text{H}^+$

阴离子交换树脂（氢氧型）：

$$n\text{R(NH)OH} + \text{A}^{n-}(\text{Cl}^-, \text{SO}_4^{2-}, \text{CO}_3^{2-}) \rightleftharpoons [\text{R(NH)}]_n\text{A} + n\text{OH}^-$$

H^+ 和 OH^- 结合生成水。经过阳、阴离子交换树脂处理过的水称为去离子水。为进一步提高纯度，可再串接一套阳、阴离子交换柱。经多级交换处理，水质更纯。交换失效后的阳离子树脂可用 HCl 溶液处理，阴离子树脂用 NaOH 溶液处理。

经处理后的去离子水的要求为：电导率 $\kappa \leqslant 5\mu\text{S} \cdot \text{cm}^{-1}$，定性检验无 Ca^{2+}、Mg^{2+}、Cl^-、SO_4^{2-}。

各种水样电导率的大致范围如表 1-7-1 所示。

表 1-7-1　各种水样的电导率

水样	自来水	去离子水	纯水（理论值）
电导率 $\kappa/\text{S} \cdot \text{cm}^{-1}$	$5.0 \times 10^{-3} \sim 5.3 \times 10^{-4}$	$4.0 \times 10^{-6} \sim 8.0 \times 10^{-7}$	5.5×10^{-8}

2. DDS-6700 型电导率仪的使用

DDS-6700 型电导率仪（图 1-7-1）是一种实验室电导率测量仪器。它采用薄膜开关和尺寸发光数码管，显示清晰，操作方便。仪器带有温度补偿器，能在较宽的温度范围和量程内进行补偿，可以测量实际温度下的电导率，亦可显示转换成 25℃时的电导率。使用方法：

（1）根据使用的量程，按表 1-7-2 选择合适的量程。

（2）将选用的电导电极（图 1-7-2）安装在电极插座上，并检查所用电源是否与仪器要求一致。

（3）接通电源，按下"校准"挡，预热 20min。

（4）按电极所标电极常数，调节校准旋钮，使仪器显示电极常数。

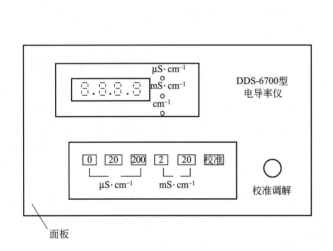

图 1-7-1　DDS-6700 型电导率仪外形示意图　　　　图 1-7-2　电导电极示意图

表 1-7-2　电导率仪的使用量程

量　程	配用电极	电极常数
0～2μS·cm⁻¹		
0～20μS·cm⁻¹	DJS-1A 光亮电极	1±0.2
0～200μS·cm⁻¹		
0～2mS·cm⁻¹	DJS-1A 铂黑电极	1±0.2
0～20mS·cm⁻¹		

（5）将电极置入被测溶液中稳定数分钟，按下所选量程，如数显超出或小于量程的 10%，应调整量程，使数显在合适的量程中。

（6）如果测量溶液在 t℃时的电导率，可将 G_t/G_{25} 开关置于 G_t，按上述（4）和（5）条方法重新调整和测量。

注意事项：

① 为了保证测量精度，电极应放在溶液中稳定几分钟后读数，溶液最好处于搅拌状态。

② 在调节电极常数时，电极最好不放置在溶液中。

③ 使用完毕后，应将电极用蒸馏水冲洗两遍，干燥保存。

三、仪器和试剂

1. 仪器

阴离子交换柱，阳离子交换柱，DDS-6700 型电导率仪。

2. 试剂

732 型阳离子交换树脂，711 型阴离子交换树脂，铬黑 T 指示剂，钙指示剂，$AgNO_3$（$0.1mol \cdot L^{-1}$），$BaCl_2$（$1mol \cdot L^{-1}$），$NaOH$（$2mol \cdot L^{-1}$），$NH_3 \cdot H_2O$（$2mol \cdot L^{-1}$），HNO_3（$2mol \cdot L^{-1}$），HCl（$2mol \cdot L^{-1}$）。

四、实验内容

1. 树脂的预处理

阳离子交换树脂首先用去离子水浸泡 24h，再用 $2mol \cdot L^{-1}$ HCl 溶液浸泡 24h，滤去酸液后，反复用去离子水冲洗至中性，泡于去离子水中备用。阴离子交换树脂同样处理，用 $2mol \cdot L^{-1}$ NaOH 溶液代替 $2mol \cdot L^{-1}$ HCl 浸泡 24h。

2. 装柱

在交换柱底部塞入少量玻璃纤维以防树脂流出，向柱内注入约 1/3 去离子水，排出柱连接部空气，将预处理过的树脂和适量水一起注入柱内，注意保持液面始终高于树脂层。如图 1-7-3，用乳胶管连接交换柱，柱 Ⅰ 为阳离子交换柱，柱 Ⅱ 为阴离子交换柱。

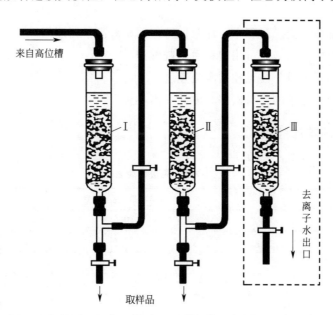

图 1-7-3　离子交换纯水装置

Ⅰ—阳离子交换柱　Ⅱ—阴离子交换柱

Ⅲ—阴、阳离子混合离子交换柱

3. 洗涤

用去离子水淋洗树脂，使柱Ⅰ和柱Ⅱ流出液 pH 均为 7，注意洗涤过程保持液面始终高于树脂层。

4. 制备去离子水

自来水经高位槽依次进入柱Ⅰ进行阳离子交换，然后进入柱Ⅱ进行阴离子交换，控制水流速度 $1mL \cdot min^{-1}$。

5. 检测

依次取自来水、柱Ⅰ、柱Ⅱ流出水进行下列项目检测。

检验 Mg^{2+}：在 1mL 水样中加入 2 滴 $2mol \cdot L^{-1} NH_3 \cdot H_2O$ 和少量铬黑 T 指示剂，根据颜色判断。

检验 Ca^{2+}：在 1mL 水样中加入 2 滴 $2mol \cdot L^{-1} NaOH$ 和少量钙指示剂，根据颜色判断。

检验 Cl^-：在 1mL 水样中加入 2 滴 $2mol \cdot L^{-1} HNO_3$ 酸化，再加入 2 滴 $0.1mol \cdot L^{-1} AgNO_3$，根据有无白色沉淀判断。

检验 SO_4^{2-}：在 1mL 水样中加入 2 滴 $2mol \cdot L^{-1} HNO_3$ 酸化，再加入 2 滴 $1mol \cdot L^{-1} BaCl_2$，根据有无白色沉淀判断。

用电导率仪测定各水样的电导率，注意测定电导率的先后次序为：蒸馏水→柱Ⅱ水→柱Ⅰ水→自来水。

6. 注意事项

(1) 装柱、洗涤、交换过程中，注意保持液面始终高于树脂层。

(2) 若树脂层中有气泡，可用塑料通条赶气泡。

(3) 制备去离子水时，注意控制水流速度。

(4) 注意测定电导率的先后次序为电导率由小到大。

五、实验结果与讨论

表 1-7-3　实验记录表

水　样	检测项目（现象或数据）				
	Mg^{2+}	Ca^{2+}	Cl^-	SO_4^{2-}	电导率 $\kappa/\mu S \cdot cm^{-1}$
蒸馏水					
柱Ⅱ流出水					
柱Ⅰ流出水					
自来水					

实验数据记录于表 1-7-3。若检测结果达不到实验要求，还可如图串接柱Ⅲ。柱Ⅲ为混合床，即将阴、阳两种离子交换树脂按一定比例混合后装于同一柱内，由于交换过程形

成的 H^+ 和 OH^- 不能累积立即生成 H_2O，从而促使交换反应向正方向移动。混合床处理效率较高，但树脂的再生过程相对较困难。

六、思考题

（1）离子交换树脂制备去离子水的原理是什么？

（2）离子交换法制备去离子水过程中有哪些操作步骤？应注意什么控制因素？

（3）制备去离子水时，为什么控制水流速度？速度太快或太慢对离子交换有什么影响？

（4）什么是电导率？电导率该如何测定？

实验 8　苯甲酸燃烧热的测定　◀◀◀

一、实验目的

（1）掌握使用弹式量热计测定苯甲酸燃烧热的方法；

（2）了解弹式量热计的原理、构造及其使用方法。

二、实验原理

1. 苯甲酸燃烧热的测定

在指定温度和一定压力下，1mol 物质完全燃烧成指定产物的焓变，称为该物质在此温度下的摩尔燃烧焓。通常，C、H 等元素的燃烧产物分别为 $CO_2(g)$、$H_2O(l)$ 等。由于在上述条件下 $\Delta H = q_p$，因此 $\Delta_c H_m$ 在数值上等于该物质燃烧反应的等压热效应 q_p。

在实际测量中，燃烧反应常在恒容条件下进行（如在弹式量热计中进行），这样直接测得的是反应的恒容热效应 q_V（在数值上等于燃烧反应的 $\Delta_c U_m$）。若反应系统中的气体物质均可视为理想气体，根据热力学推导，可得出关系式

$$\Delta_c H_m = \Delta_c U_m + RT \sum_B \nu_B(g)$$

式中　T——反应温度，K；

$\Delta_c H_m$——摩尔燃烧焓，$J \cdot mol^{-1}$；

$\Delta_c U_m$——摩尔燃烧内能变，$J \cdot mol^{-1}$；

$\nu_B(g)$——燃烧反应方程式中各气体物质的化学计量数，产物取正值，反应物取负值。

通过实验测得 q_V 值，根据上式就可计算出 q_p，即燃烧热的值。

2. 弹式量热计的使用

测量热效应的仪器称为量热计，其种类有很多，一般测量燃烧反应热用弹式量热计。

本实验所用量热计和氧弹结构如图 1-8-1 和图 1-8-2 所示。实验过程中外套保持恒温，内水桶与外套之间以空气隔热。同时，还把内水桶的外表面进行了电抛光。这样，内水桶连同其中的氧弹、测温器件、搅拌器和水便近似构成一个绝热系统。

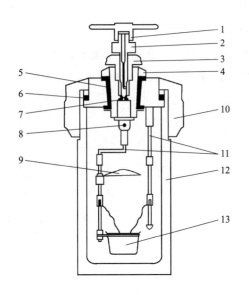

图 1-8-1　氧弹结构示意简图

1—顶帽；2—针形阀；3—推进螺母；4—紧固螺母；

5—聚四氟乙烯垫；6—橡胶密封圈；7—紫铜垫；

8—喷气嘴；9—火焰罩；10—弹盖；11—电极；

12—弹杯；13—坩埚

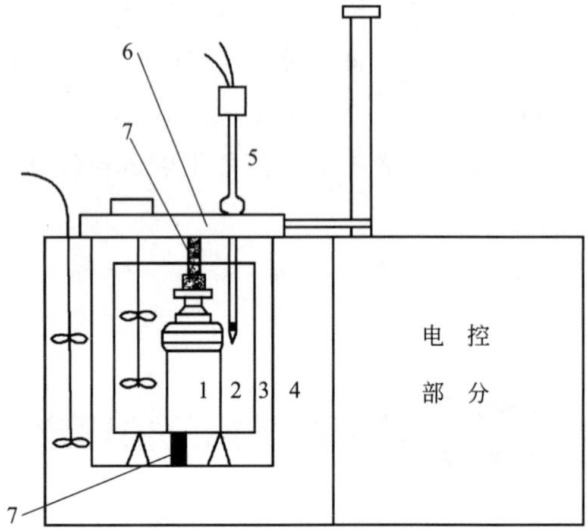

图 1-8-2　弹式量热量计结构示意简图

1—氧弹；2—内水桶；3—空气隔热层；4—外套；

5—热敏电阻；6—外桶盖；7—电极触头

点火电极的上电极触头、搅拌器、测温器件均可固定在外桶盖上，搅拌器电源线、点火电极连线经桶盖与量热计的电控部分连通。

将待测燃烧物质装入氧弹中，充入足够的氧气。氧弹放入装有一定量水的内桶中，盖好外桶盖。以电控部分各开关控制搅拌并实现点火，以数字贝克曼温度计作为测温元件，通过测量温度的变化，根据已知仪器的热容 $C_{弹}$，就可求得苯甲酸燃烧反应的热效应。其计算公式如下：

$$q_V = -\frac{(V\rho c_{水} + C_{弹}) \times \Delta T \times M}{m}$$

式中　V——水的体积，mL；

ρ——水的密度，$g \cdot mL^{-1}$；

$c_{水}$——水的比热容，$4.18 J \cdot K^{-1} \cdot g^{-1}$；

$C_{弹}$——氧弹及量热器的总热容，$J \cdot K^{-1}$；

ΔT——温度的变化值，K；

M——样品摩尔质量，$g \cdot mol^{-1}$；

m——样品质量，g。

3. 数字贝克曼温度计的使用

（1）数字贝克曼温度计的特点

① 分辨率高，稳定性好；

② 操作简单，显示清晰，读数准确；

③ 温度测量范围和温差基温范围均为$-50\sim150℃$，根据需要可扩展至$199.99℃$，测量范围宽；

④ 使用安全可靠；

⑤ 数字输出接口。

（2）使用方法

① 将传感器探头插入后盖板上的传感器接口（槽口对准）；

② 将传感器插入被测物中（插入深度应大于$50mm$）；

③ 按下电源开关，此时显示屏显示仪表初始状态（实时温度）；

④ 按下 测量/保持 键，使仪器处于测量状态，进行跟踪测量。

4. 实验注意事项

（1）样品称量不可过量，否则会升温过高，超出贝克曼温度计读数范围。

（2）氧弹充气后一定要检查是否漏气。

（3）将氧弹放入量热计前，一定要先检查点火控制键是否位于"关"的位置，并且在点火结束后，将其关掉。

（4）氧弹充气过程中，人应站在侧面，以免意外情况下，弹盖或阀门向上冲出，发生危险。

（5）贝克曼温度计要轻拿轻放。

（6）在使用贝克曼温度计作温差测量时，为保证测量正确，"基温选择"在一次实验中不宜换挡。

（7）在使用贝克曼温度计进行测量时，一定要检查是否处于测量状态，以免实验失败。

三、仪器和试剂

1. 仪器

弹式量热计、数字贝克曼温度计、量杯、镊子、压片机、镍丝、电子天平、氧气瓶、小扳手。

2. 试剂

苯甲酸（分析纯）。

四、实验内容

1. 样品准备

用台秤称量$0.40\sim0.50g$苯甲酸，在压片机上压成片状，取出药片并去掉粘附在药品上的粉末，用镍丝把药片绕好；将苯甲酸片上的镍丝紧拴在氧弹的两根电极上，旋紧弹盖。通入 1.0MPa 的氧气 1min，充气后检查是否漏气，然后将氧弹放入内水桶中。

2. 仪器准备

按实验原理接好测量线路，将贝克曼温度计装好。准确量取 3000mL 室温水，倒入内桶中，盖好桶盖。开动搅拌器，每隔 30s 读数 1 次，直至温度稳定（至少 3 次读数相同），记下温度 T_1，然后进行下述实验。

3. 燃烧

当温度稳定后，按下点火开关，若贝克曼温度计在 30s 内迅速升温表示点火成功，否则重新检查点火。每隔 30s 记录一次温度读数，待读数不变时（至少 3 次读数相同），停止搅拌，此时贝克曼温度计的读数即与内水套温度相等，记录此时温度 T_2。

切断量热计电源，取出氧弹，按压放气工具在充气阀上放出燃烧废气。旋开弹盖，检查样品是否完全燃烧。若有黑色残渣，表示燃烧不完全，实验失败。若燃烧完全，表示实验成功，把残存在 2 个电极上的镍丝清理掉。

4. 数据处理

实验结束后，拆去线路，整理仪器。根据贝克曼温度计的读数及水的质量，由计算公式计算出苯甲酸的燃烧热。

五、思考题

（1）本实验如何考虑系统与环境？
（2）如何考虑标准燃烧焓定义中的标准状态？

实验 9　液体黏度的测定　◄◄◄

一、实验目的

（1）掌握使用水浴恒温槽的操作，了解其控温原理；
（2）掌握用黏度计测定乙醇水溶液黏度的方法；
（3）通过测定回收乙醇水溶液的黏度，计算出未知乙醇水溶液的浓度值（百分含量）。

二、实验原理

当液体以层流形式在管道中流动时，可以看作是一系列不同半径的同心圆筒以不同速度向前移动。愈靠中心的流层速度愈快，愈靠管壁的流层速度愈慢，如图 1-9-1 所示。取面积为 A，相距为 dr，相对速度为 dv 的相邻液层进行分析，见图 1-9-2。

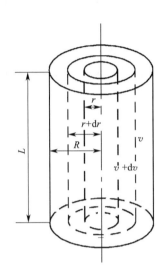

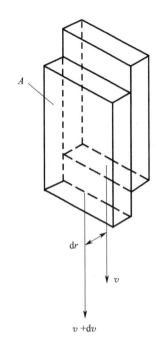

图 1-9-1 液体的层流   图 1-9-2 两液层相对速度差

由于两液层速度不同，液层之间表现出内摩擦现象，慢层以一定的阻力拖着快层。显然内摩擦力与两液层间接触面积 A 成正比，也与两液层间的速度梯度成正比，即

$$f = \eta A \, \frac{\mathrm{d}v}{\mathrm{d}r} \tag{1-9-1}$$

式中，比例系数 η 称为黏度系数（或黏度）。可见，液体的黏度是液体内摩擦力的量度。在国际单位制中，黏度的单位为 $\mathrm{N \cdot m^{-2} \cdot s}$，即 $\mathrm{Pa \cdot s}$，但习惯上常用 P（泊）或 cP（厘泊）来表示，两者的关系：$1\mathrm{cP} = 10^{-3}\mathrm{Pa \cdot s}$。

黏度的测定可在毛细管黏度计中进行。设有液体在一定的压力差 p 推动下以层流的形式流过半径 R、长度为 L 的毛细管（见图 1-9-1）。对于其中半径为 r 的圆柱形液体，促使流动的推动力 $F = \pi r^2 p$，它与相邻的外层液体之间的内摩擦力 $f = \eta A \mathrm{d}v/\mathrm{d}r = 2\pi r L \eta \mathrm{d}v/\mathrm{d}r$，所以当液体稳定流动时，即

$$F + f = 0$$

$$\pi r^2 p + 2\pi r L \eta \, \frac{\mathrm{d}v}{\mathrm{d}r} = 0 \tag{1-9-2}$$

在管壁处即 $r = R$ 时，$v = 0$，对上式积分

$$v = -\frac{p(R^2 - r^2)}{4\eta L} \tag{1-9-3}$$

对于厚度为 $\mathrm{d}r$ 的圆筒形流层，t 时间内流过液体的体积为 $2\pi r v t \, \mathrm{d}r$，所以 t 时间内流过这一段毛细管的液体总体积为

$$V = \int_0^R 2\pi r v t \, \mathrm{d}r = \frac{\pi R^4 p t}{8\eta L}$$

由此可得

$$\eta = \frac{\pi R^4 pt}{8VL} \qquad (1\text{-}9\text{-}4)$$

上式称为波华须尔（Poiseuille）公式，由于式中 R、p 等数值不易推准，所以 η 值一般用相对法求得，其方法如下：

取相同体积的两种液体（被测液体"i"，参考液体"0"，如水、甘油等），在本身重力作用下，分别流过同一支毛细管黏度计，如图 1-9-3 所示的奥氏黏度计。若测得流过相同体积 V_{a-b} 所需的时间为 t_i 与 t_0，则

$$\eta_i = \frac{\pi R^4 p_i t_i}{8V_{a-b}L}$$

$$\eta_0 = \frac{\pi R^4 p_0 t_0}{8V_{a-b}L} \qquad (1\text{-}9\text{-}5)$$

由于 $p = h\rho g$（h 为液柱高度，ρ 为液体密度，g 为重力加速度），若用同一支黏度计，根据式（1-9-5）可得：

$$\frac{\eta_i}{\eta_0} = \frac{\rho_i t_i}{\rho_0 t_0} \qquad (1\text{-}9\text{-}6)$$

若已知某温度下参比液体的黏度为 η_0，并测得 t_i、t_0、ρ_i、ρ_0，即可求得该温度下的 η_i。

实验室中常用另一种毛细管黏度计——乌氏（Ubbelode）黏度计，其结构如图 1-9-4。有以下特点：

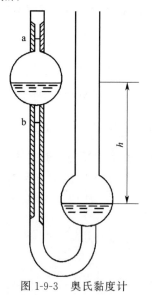

图 1-9-3　奥氏黏度计

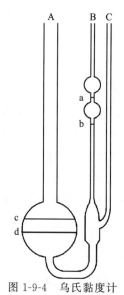

图 1-9-4　乌氏黏度计

① 由于第三支管（C 管）的作用，使毛细管出口通大气。这样，毛细管内的液体形成一个悬空液柱，液体流出毛细管下端时即沿着管壁流下，避免出口处产生涡流。

② 液体高 h 与 A 管内液面高度无关，因此每次加入试样的体积不必恒定。

③ 对于 A 管体积较大的稀释型乌氏黏度计，可在实验过程中直接加入一定量的溶剂配制成不同的溶液。故乌氏黏度计较多用于高分子溶液性质方面的研究。

温度对液体黏度的影响十分敏感。因为温度升高，使分子间距逐渐增大，相互作用力相应减小，黏度下降。这种变化的定量关系可用下列方程描述：

$$\eta = A \cdot \exp\left(\frac{E_{vis}}{RT}\right)$$

或

$$\ln\eta = \ln A + \frac{E_{vis}}{RT} \tag{1-9-7}$$

式中 E_{vis}——流体流动的表观活化能，可从 $\ln\eta$-$1/T$ 的直线斜率求得；

A——经验常数，可由直线的截距求得。

三、仪器和试剂

1. 仪器

水浴恒温槽，乌氏黏度计，秒表，移液管（10mL），量筒（200mL），比重计，洗耳球，容量瓶（50mL 5 个），酸式滴定管（25mL 1 支），洗瓶。

2. 试剂

乙醇溶液，去离子水。

四、实验内容

（1）调节恒温槽温度至（30.0±0.2）℃。

（2）按体积分数配制 10％、30％、50％乙醇溶液。

（3）在洗净的乌氏黏度计中，加入一定量去离子水，使其液面介于 cd 之间。在毛细管端装上橡胶管，然后垂直浸入恒温槽中（黏度计上两刻度线应浸没在水浴中）。

（4）恒温后，用洗耳球通过橡皮管将液体吸到高于刻度线 a，再让液体由于自身重力下降，用秒表记下液面从 a 流到 b 的时间 t_0，重复 3 次，偏差应小于 1.0s，取其平均值。所测数据记录于数据表 1-9-3。

（5）洗净此黏度计，用待测液润洗，加入一定量不同浓度的乙醇溶液，同样使其液面介于 cd 之间，用同步骤（4）的方法测得从 a 流到 b 的时间 t_i，重复 3 次，偏差应小于 1.0s，取其平均值。所测数据记录于数据表 1-9-4。

（6）测量未知液黏度，用内差法计算其含量。所测数据记录于数据表 1-9-5。

（7）在 200mL 量筒中，注入适量的至少稀释二倍的回收乙醇溶液，用比重计测定该实验温度下的乙醇溶液的密度（事先已将量筒放在恒温水槽中恒温 20min 后进行密度测定，此步实验由实验室统一进行）。

表 1-9-1 去离子水在不同温度下的黏度、运动黏度和密度

温度/℃	黏度/mPa·s	运动黏度/mm²·s⁻¹	密度/g·cm⁻³
20	1.002	1.0038	0.99820
25	0.890	0.893	0.99705
30	0.797	0.801	0.99565
35	0.719	0.724	0.99406
40	0.653	0.658	0.99221

表 1-9-2　乙醇水溶液黏度　　　　　　　　　mPa・s

含量/%	10	20	30	40	50	60	70	80	90	100
20℃	1.538	2.183	2.71	2.91	2.87	2.67	2.370	2.008	1.610	1.200
25℃	1.323	1.815	2.18	2.35	2.40	2.24	2.037	1.748	1.424	1.096
30℃	1.160	1.332	1.87	2.02	2.02	1.93	1.767	1.531	1.279	1.003
35℃	1.006	1.332	1.58	1.72	1.72	1.66	1.529	1.355	1.147	0.914

五、数据记录及数据处理

(1) 将所测数据分别记录于表 1-9-3～表 1-9-5。

(2) 由式 (1-9-6) 计算不同浓度乙醇溶液的黏度 ($\rho_{0,水}$、$\eta_{0,水}$ 值见表 1-9-1)。

(3) 用内差法计算出未知液的乙醇体积分数 (乙醇水溶液黏度见表 1-9-2)。

水溶液的黏度＝　　　　　mPa・s　　　　　水溶液的密度＝　　　　g・cm^{-3}

未知乙醇溶液的密度＝　　　　　g・cm^{-3}

$$\frac{\eta_i}{\eta_0} = \frac{\rho_i t_i}{\rho_0 t_0}$$

$$\eta_i = \eta_0 \frac{\rho_i t_i}{\rho_0 t_0} =$$

内差法：

$$\frac{c_上 - c_下}{\eta_上 - \eta_下} = \frac{c_水 - c_下}{\eta_水 - \eta}$$

所以 $c_未 =$

表 1-9-3　t_0 数据

实验次数	1	2	3
t_0/s			
平均值/s			
绝对偏差/s			

表 1-9-4　乙醇水溶液黏度标准系列数据

含量 c_i/%	10		30		50	
密度 ρ_i/g・cm^{-3}						
t_i/s						
平均值/s						
绝对偏差/s						
η_i/mPa・s						

表 1-9-5　未知液 t_i 数据

实验次数	1	2	3
t_i/s			
平均值/s			
绝对偏差/s			

六、思考题

(1) 恒温槽由哪些部件组成？它们各起什么作用？如何调节恒温槽到指定温度？

(2) 是否可用两只黏度计分别测得待测液体和参比液体的流经时间？

(3) 为什么不直接用乙醇溶液来测黏度，而用稀释后的回收乙醇溶液？

实验 10　钼酸铵分光光度法测定磷

一、实验目的

(1) 掌握钼酸铵分光光度法测定磷的原理和方法。

(2) 确定分光光度法测定条件。

二、实验原理

钼酸铵是测定磷的常用方法，准确度高，重现性好，在 $0.5 \text{mol} \cdot \text{L}^{-1} \text{H}_2\text{SO}_4$ 介质中用乙醇为稳定剂，加钼酸铵生成磷钼杂多酸，用抗坏血酸还原为钼蓝进行比色。

分光光度法测定物质含量时，通常要进行条件实验，如吸收曲线、标准曲线、显色剂浓度、配合物稳定性、溶液酸度、干扰离子等对测定的影响，以确定最佳实验条件。

实验中应当注意以下事项：

(1) 实验所使用的所有玻璃器皿一定要清洗干净。

(2) 溶液加热至沸取下后，一定要迅速加入抗坏血酸。

三、仪器和试剂

1. 仪器

722S 型分光光度计，移液管（10mL 1 支），吸量管（5mL 5 支），比色管（50mL 7 个），烧杯（100mL 7 个），比色皿（1cm 2 个），酸式滴定管（10mL 1 支）。

2. 试剂

磷标准溶液（$0.1000 \text{mg} \cdot \text{mL}^{-1} \text{P}_2\text{O}_5$），钼酸铵溶液（5%），抗坏血酸溶液（2%），硫酸溶液（1+1），磷试样溶液，氨水。

四、实验内容

1. 磷标准溶液的配制（由实验室统一进行）

取浓度为 $0.1000 \text{mg} \cdot \text{mL}^{-1} \text{P}_2\text{O}_5$ 标准溶液 20.00mL 于 100mL 容量瓶中，用水稀释

至刻度，摇匀，此溶液浓度为 $20.00\mu g \cdot mL^{-1} P_2O_5$。

2. 条件实验（由实验室统一进行）

（1）吸收曲线 用吸量管吸取 $3.00mL$ $20.00\mu g \cdot mL^{-1} P_2O_5$ 标准溶液于 $100mL$ 烧杯中，加水至 $10mL$，加 1 滴酚酞，用氨水调节至微红色，加（$1+1$）硫酸 $3mL$，20% 酒石酸钾钠 $5mL$，乙醇 $5mL$，5% 钼酸铵 $5mL$，加热煮沸后取下烧杯，立即加 2% 抗坏血酸 $5mL$，冷却后移入 $50mL$ 比色管中，用水稀释至刻度，摇匀。

表 1-10-1　吸收曲线数据

波长/nm	600	610	620	630	640	650	660
吸光度 A							
波长/nm	670	680	690	700	710	720	730
吸光度 A							
波长/nm	740	750	760	770	780	790	800
吸光度 A							

以蒸馏水为参比溶液，在 $722S$ 分光光度计上，在 $600\sim800nm$ 范围内，每隔 $10nm$ 测定一次吸光度 A，记录于表 1-10-1 中。以波长为横坐标，吸光度 A 为纵坐标绘制吸收曲线，由曲线确定测量的适宜波长。

（2）显色剂浓度 取 5 个烧杯，用移液管吸取 $3.00mL$ $20.00\mu g \cdot mL^{-1} P_2O_5$ 标准溶液于 $100mL$ 烧杯中，加水至 $10mL$，加 1 滴酚酞，用氨水调节至微红色，加（$1+1$）硫酸 $3mL$，20% 酒石酸钾钠 $5mL$，乙醇 $5mL$，分别加入 5% 钼酸铵 $1mL$、$2mL$、$3mL$、$4mL$、$5mL$，加热煮沸后取下烧杯，立即加 2% 抗坏血酸 $5mL$，冷却后移入 $50mL$ 比色管中，用水稀释至刻度，摇匀。

以蒸馏水为参比溶液，在分光光度计上，选择波长 $720nm$，测定上述各溶液吸光度 A，数据记录于表 1-10-2 中。以显色剂加入量 C 为横坐标，吸光度 A 为纵坐标，绘制 A-C 曲线，确定显色剂的适宜加入量。

表 1-10-2　显色剂浓度测定吸光度数据

5%钼酸铵加入量/mL	1	2	3	4	5
吸光度 A					

3. 磷标准工作曲线的绘制

取 6 个烧杯编号，用酸式滴定管分别加入 $20.00\mu g \cdot mL^{-1} P_2O_5$ 标准溶液 $0.00mL$、$1.00mL$、$2.00mL$、$4.00mL$、$6.00mL$、$8.00mL$ 于 $100mL$ 干燥烧杯中，加水至 $10mL$，加 1 滴酚酞，用氨水调节至微红色，加（$1+1$）硫酸 $3mL$，20% 酒石酸钾钠 $5mL$，乙醇 $5mL$，5% 钼酸铵 $5mL$，加热煮沸后取下烧杯，立即加 2% 抗坏血酸 $5mL$，冷却后移入 $50mL$ 比色管中，用水稀释至刻度，摇匀。

表 1-10-3　磷标准工作曲线数据

磷标准溶液加入量/mL	0.00	1.00	2.00	4.00	6.00	8.00
吸光度 A						

以空白溶液为参比溶液，于 720nm 波长处，在 722S 分光光度计上测定各溶液的吸光度，数据记录于表 1-10-3 中以磷的含量（$\mu g \cdot mL^{-1}$）为横坐标，吸光度 A 为纵坐标，在坐标纸上绘制标准曲线。

4. 磷试样溶液的测定

用移液管准确吸取 10.00mL 磷试样溶液于 100mL 烧杯中，按步骤 3 操作对试样进行显色并测定吸光度。

从曲线上查出试液中磷的含量，并计算原试液中磷的含量（$\mu g \cdot mL^{-1}$）。

五、思考题

（1）使用钼酸铵分光光度法测磷时，应如何进行 722S 型分光光度计操作？

（2）比色皿的使用注意事项是什么？

（3）钼酸铵分光光度法测磷的显色条件是什么？

实验 11　配位化合物的组成及稳定常数的测定　◂◂◂

一、实验目的

（1）了解使用分光光度计测定配位化合物的组成和稳定常数的原理和方法。

（2）熟练使用 722S 型分光光度计。

二、实验原理

1. 物质对光的选择性吸收

d 电子数为 1～9 的过渡金属离子和配位体所形成的配位化合物大多是有色的，这是因为过渡金属离子的 d 电子吸收可见光中某些具有一定波长的光以后，发生 d-d 跃迁的结果。各种配位化合物的跃迁能不同，吸收可见光的波长也不同，所以配位化合物所呈现出的颜色也不相同。

当一束具有一定波长的单色光通过有色物质的溶液时，有部分光被有色物质吸收，部分未被吸收的光则透过有色溶液。被吸收的那部分光量和溶液的浓度、液层的厚度以及入射光的强度等因素有关。

有色物质对光的吸收程度（也称吸光度、光密度或消光度）与溶液中有色物质的浓度和液层厚度的乘积成正比，这就是朗伯-比尔定律。

2. 配位化合物的组成及稳定常数的测定

配离子的组成和稳定常数的测定通常采用分光光度法。设中心离子 M 和配位体 X 在某给定条件下进行反应，只生成一种有色配位化合物 MX_n（略去电荷符号）：

$$M + nX \rightleftharpoons MX_n$$

若 M 和 X 都无色，则此溶液的吸光度与有色配离子或配位化合物的浓度成正比。因此，可用浓度比递变法（或称摩尔系列法）测定该配离子或配位化合物的组成和稳定常数。其方法如下：

配制一系列含有中心离子 M 与配位体 X 的溶液，令 M 和 X 的物质的量的总和相等，而使 M 和 X 的物质的量分数（摩尔分数）连续变化。例如，X 的 物 质 的 量 分 数 依 次 为 0.0，0.1，0.2，0.3，…，1.0；而 M 的物质的量分数则依次为 1.0，0.9，0.8，…，0.2，0.1，0.0。然后在一定波长的单色光中分别测定上述系列溶液的吸光度，有色配位化合物 MX_n 的浓度越大，溶液的颜色便越深，其吸光度 A 就越大。当 M 和 X 恰好全部形成配离子或配位化合物时（不考虑配离子的解离），则 MX_n 的浓度最大，其吸光度也越大。如果以吸光度 A 为纵坐标，以配位体的物质的量分数为横坐标作图（图 1-11-1），从图中可得到最大吸光度处的物质的量的分数，从而求得 MX_n 中的 n 值图中延长曲线两边的直线部分相交于 A 点，即为最大吸光度处，配位体的物质的量分数为 0.5，则中心离子的物质的量分数便为 1.0−0.5＝0.5。

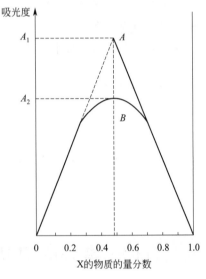

图 1-11-1　吸光度曲线图

$$n = \frac{\text{配位体物质的量}}{\text{中心离子物质的量}} = \frac{0.5}{0.5} = 1$$

由此可知，该配离子或配位化合物的组成为 MX 型。配离子的稳定常数亦可由吸光度图中求得。由图看出，对于 MX 型配离子或配位化合物，如果溶液中全部以 MX 形式存在，则其最大吸光度应在 A 处，即吸光度为 A_1；但由于配位化合物有一部分解离，所以溶液中 MX 浓度要稍小一些，实际测得的吸光度在 B 处，即吸光度为 A_2。此时配离子或配位化合物的解离度

$$\alpha = \frac{A_1 - A_2}{A_1}$$

配离子或配位化合物 MX 的稳定常数 $K_\text{稳}^\ominus$ 与解离度 α 的关系式为：

$$MX \rightleftharpoons M + X$$

起始浓度 $\qquad\qquad\qquad\qquad\qquad c \qquad 0 \quad 0$

平衡浓度 $\qquad\qquad\qquad\qquad c - c\alpha \quad c\alpha \ c\alpha$

$$K_{稳}^{\ominus} = \frac{c^{eq}(MX)}{c^{eq}(M) \cdot c^{eq}(X)} = \frac{1-\alpha}{c\alpha^2}$$

式中　c——中心离子在最大吸光处 A 点的物质的量的浓度，$mol \cdot L^{-1}$。

磺基水杨酸与 Fe^{3+} 形成的螯合物的组成随 pH 值的不同而不同，在 pH 值为 2～3 时，生成只有一个配位体的紫红色螯合物，反应方程式如下：

在 pH 值为 4～9 时生成有 2 个配位体的红色螯合物；pH 值为 9～11.5 时，生成有 3 个配位体的黄色螯合物；pH>12 时，有色螯合物被破坏而生成 $Fe(OH)_3$ 沉淀。

本实验是在 pH<2.5 的条件进行测定的，选用 $HClO_4$ 来控制溶液的 pH 值，其优点是 ClO_4^- 不易与金属离子配合。

三、仪器和试剂

1. 仪器

722S 型分光光度计，比色管（50mL 11 支），烧杯（400mL 1 个），移液管（10mL 1 支），酸式滴定管（10mL 2 支），比色皿（1cm 2 个），洗耳球，玻璃棒，洗瓶。

2. 试剂

高氯酸（$0.01mol \cdot L^{-1}$），磺基水杨酸（$0.02500mol \cdot L^{-1}$），硫酸铁铵（$0.02500 mol \cdot L^{-1}$）。

四、实验内容

1. 溶液的配制（由实验室统一完成）

（1）配制 $0.002500mol \cdot L^{-1}Fe^{3+}$ 溶液　用移液管吸取 10.00mL $0.02500mol \cdot L^{-1}NH_4Fe(SO_4)_2$ 溶液，注入 100mL 容量瓶中，用 $0.01mol \cdot L^{-1}HClO_4$ 溶液稀释到刻度，摇匀备用。

（2）配制 $0.002500mol \cdot L^{-1}$ 磺基水杨酸　用移液管吸取 10.00mL $0.02500mol \cdot L^{-1}$ 磺基水杨酸溶液，注入 100mL 容量瓶中，用 $0.01mol \cdot L^{-1}HClO_4$ 溶液稀释到刻度，摇匀备用。

2. 浓度比递变法测定有色配位化合物的吸光度

（1）用 2 支 10mL 酸式滴定管按表 11-1 的体积量取 Fe^{3+}、磺基水杨酸溶液，分别加入已编号的、干净的 50mL 比色管中，再用 10mL 移液管移取 10.00mL $HClO_4$ 溶液分别加入比色管中，摇匀比色管中的溶液，静置 10min，使其充分显色。

（2）选定波长为 500nm，以蒸馏水作参比溶液，用 722S 型分光光度计测定溶液的吸光度，并记录于表 1-11-1 中。

表 1-11-1 实验用量及数据记录表

溶液编号	$HClO_4$ 溶液 /mL	Fe^{3+} 溶液 /mL	磺基水杨酸 溶液/mL	磺基水杨酸的物 质的量分数	吸光度 A
1	10.00	10.00	0.00		
2	10.00	9.00	1.00		
3	10.00	8.00	2.00		
4	10.00	7.00	3.00		
5	10.00	6.00	4.00		
6	10.00	5.00	5.00		
7	10.00	4.00	6.00		
8	10.00	3.00	7.00		
9	10.00	2.00	8.00		
10	10.00	1.00	9.00		
11	10.00	0.00	10.00		

（3）以吸光度为纵轴，磺基水杨酸的物质的量分数为横轴，在直角坐标纸上作图。从图中找出最大吸光度值，计算配离子或配位化合物的组成和稳定常数。

五、思考题

（1）什么是浓度比递变法？如何计算配离子或配位化合物的组成和稳定常数？

（2）实验中如果以 $0.02500 mol \cdot L^{-1} Fe^{3+}$ 溶液代替 $0.002500 mol \cdot L^{-1} Fe^{3+}$ 溶液，其它试剂的浓度是否也要相应增大？为什么？

实验 12 电导法测定 $BaSO_4$ 的溶度积 ◂◂◂

一、实验目的

（1）利用自制的 $BaSO_4$ 学习电导法测定溶度积的方法；

（2）学习电导率仪原理与使用。

二、实验原理

硫酸钡是难溶电解质，在饱和溶液中存在如下平衡：

$$BaSO_4(s) \rightleftharpoons Ba^{2+}(aq) + SO_4^{2-}(aq)$$

$$K_{sp}^{\ominus}(BaSO_4) = c(Ba^{2+})c(SO_4^{2-}) = c^2(BaSO_4)$$

由此可见，只需测定出 $c(Ba^{2+})$、$c(SO_4^{2-})$、$c(BaSO_4)$ 中任何一种浓度值即可求出

$K_{sp}(BaSO_4)$，由于 $BaSO_4$ 的溶解度很小，因此可把饱和溶液看作无限稀释的溶液，离子的活度与浓度近似相等。由于饱和溶液的浓度很低，因此，常常采用电导法，通过测定电解质溶液的电导率计算离子浓度。

电导是电阻的倒数：

$$G = \kappa \frac{A}{l}$$

式中　G——电导，S（西门子）；

　　　　A——截面积；

　　　　l——长度；

　　　　l/A——电导池常数或电极常数，由电极标出；

　　　　κ——电率，$S \cdot m^{-1}$。

由于测得 $BaSO_4$ 的饱和溶液电导率包括水的电导率，因此 $BaSO_4$ 的电导率：

$$\kappa(BaSO_4) = \kappa(BaSO_4 \text{ 溶液}) - \kappa(H_2O)$$

当测定在两平行电极之间溶液的电导时，面积 $A = 1cm^2$，电极相距 $1cm$，溶液浓度为 $1mol \cdot m^{-3}$，则电解质溶液的电导为摩尔电导率，用 λ 表示。当溶液浓度无限稀时，正负摩尔电导率之间的影响趋于零，摩尔电导率 λ 趋于最大值，用 λ_0 表示，称为极限摩尔电导率。$\lambda_0(BaSO_4) = 287.2 \times 10^{-4} S \cdot m^2 \cdot mol^{-1}$。电导率 κ 与摩尔电导率 λ 的关系为：$\kappa = \lambda c$，因此，只要测得电导率 κ 值，即求得溶液浓度：

$$c(BaSO_4) = \frac{\kappa(BaSO_4)}{1000 \times \lambda_0(BaSO_4)} mol \cdot dm^{-3}$$

三、仪器和试剂

1. 仪器

DDS-6700 型电导率仪及铂黑电极，烧杯（50mL 2 个，200mL 1 个，500mL 1 个，1000mL 1 个，两组共用），量筒，离心机，离心管（10mL 1 支）。

2. 试剂

Na_2SO_4（分析纯），$BaCl_2$（分析纯），饱和 $AgNO_3$ 溶液。

四、实验内容

1. BaSO$_4$ 饱和溶液制备

取 Na_2SO_4 和 $BaCl_2$ 溶液各三滴，加入 10mL 塑料离心管中（两只离心管都要制备沉淀），产生 $BaSO_4$ 沉淀；加热约 100mL 蒸馏水，用热水手摇洗涤离心管内沉淀；利用离心分离的方法，反复洗涤沉淀，热水 11 次，室温下蒸馏水 1 次。离心机工作状态 8000r/min，离心 1min。注意：离心管需要对称放置，每次需等候离心机完全静止后，方可取出离心管，倾倒弃去上层清液。

2. 电导测定

（1）取室温下蒸馏水约 30mL，注意：与第十二次洗涤沉淀所用水相同。用 DDS-6700 型电导率仪测定其电导率 $\kappa(H_2O)$，测定时其操作要迅速。电导率仪使用前，需要空置电极进行电极常数校准。

（2）将第十二次室温蒸馏水洗涤后的两个离心管中饱和 $BaSO_4$ 上层清液，同时倒入指定测 $BaSO_4$ 的烧杯中，测其电导率 κ（$BaSO_4$ 溶液）。同样注意动作迅速，不要放置过久。

3. 计算 $BaSO_4$ 饱和溶液的浓度及其溶度积 $K_{sp}^{\ominus}(BaSO_4)$

五、思考题

（1）电导法测定 $BaSO_4$ 溶度积，为什么要测纯水电导率？详细分析。

（2）何谓极限摩尔电导率？

（3）通常用电导率计算溶液浓度需要什么条件，如何计算？

实验 13　氟离子选择性电极测定水中的氟　◄◄◄

一、实验目的

（1）了解由氟化镧单晶组成的氟离子选择电极的结构、性能。

（2）掌握氟离子选择电极测定氟的原理及测试方法。

（3）学习离子活度计的使用方法。

二、实验原理

1. 氟离子的测定原理

氟电极是近年来发展起来的一种有效离子选择性电极。所谓选择性电极，就是该电极具有选择性地对某一离子敏感的特性，可利用此性质测定该离子的含量，其他离子不干扰测定或影响极小。因为氟离子是电荷的传导者，所以由氟化镧单晶组成的氟电极的敏感膜对氟离子具有高选择性（近于特效）。

以氟离子选择性电极为指示电极，双液接甘汞电极为参比电极，插入试液中组成工作电池（图 1-13-1）。

氟化镧电极电势与溶液中氟离子活度 a_{F^-} 有如下关系：

$$\varphi(LaF_3/F^-) = \varphi^{\ominus}(LaF_3/F^-) - \frac{RT}{F}\ln a_{F^-}$$

式中　$\varphi^{\ominus}$——常数；

R——气体常数；

T——测定时热力学温度；

F——Faraday 常数。

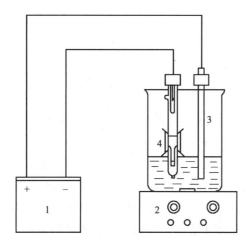

图 1-13-1　用氟离子选择性电极测定 a_{F^-} 的工作电池示意图

1—通用离子计；2—电磁搅拌器；3—氟离子选择性电极；4—双液接甘汞电极

用氟电极与饱和甘汞电极组成电池：

$$(-)Ag,AgCl \mid (0.1mol \cdot L^{-1}NaF, 0.1mol \cdot L^{-1}NaCl) \mid LaF_3 \mid F^- 试液 \parallel$$
$$KCl(饱和), Hg_2Cl_2 \mid Hg(+)$$
$$E = \varphi(饱和甘汞电极) - \varphi(LaF_3/F^-)$$

通过测定该电池电动势 E，可直接求出试液中氟离子活度。

采用标准工作曲线测定氟的浓度，就是配制一系列已知浓度的标准氟离子溶液，分别测定其电动势；以氟电极电位对氟离子浓度，在半对数坐标纸上作图得一直线（工作曲线）。再在相同条件下测定水中氟电极电位，在工作曲线上直接查得试液中氟离子的浓度。

酸度对氟电极有影响，氟化镧电极适于在 pH＝5～6 间使用，为此需用缓冲溶液调节 pH 值。

有些阳离子（如 Al^{3+}、Fe^{3+} 等）可与氟离子生成稳定的配位化合物而干扰测定，为了消除这些干扰，加进配合剂如柠檬酸钠等来消除这些阳离子的干扰。

使用总离子强度调节液（TISAB）既能控制溶液的离子强度，又可控制溶液的 pH 值，还可消除 Al^{3+}、Fe^{3+} 对测定的干扰。TISAB 的组成要视被测溶液的成分及被测离子的浓度而定。本实验所采用 TISAB 是由柠檬酸钠配制而成。

氟化镧电极选择性很高，PO_4^{3-}、Ac^-、X^-、NO_3^-、SO_4^{2-}、HCO_3^- 等都不干扰。OH^- 是主要干扰离子。电极测量范围很宽，氟的浓度可测至 $10^{-1} \sim 10^{-6} mol \cdot L^{-1}$。

2. pXSJ-216 型离子分析仪

pXSJ-216 型离子分析仪是一种测定溶液中离子浓度的电化学分析仪器。其测定方式与常见 pH 计相似。以各种离子选择电极为指示电极，辅以适当的参比电极，插入装有待测液的烧杯中后，即构成供测定用的电化学系统。其连接方式如图 1-13-2。

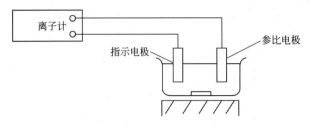

图 1-13-2　pXSJ-216 型离子计测量示意图

该仪器是精度较高（0.1mV）的微电脑型离子计，适用于标准曲线法、直读浓度、一次添加、GRAN 法等多种测量方法，亦可用于测量体系的电位值。该仪器以 8031 单片微机为核心，通过操作键盘、显示屏及打印机进行人-机对话式操作。因而可方便地进行各种操作及数据处理，简化了操作手续，并可获得较高的操作精度。为了便于进行分析操作，该仪器设有斜率校准的多种方式，复杂的电极性能检测及 GRAN 法均可借助于计算机进行工作。无需繁琐的作图步骤即可得到预期的测量结果。

由于采用了人-机对话式的设计方案，初次接触该仪器的使用者可借助于显示屏上提供的各种指令熟悉复杂的操作步骤，在短时间内运用自如。

（1）主要技术参数

测量范围	mV	$0\sim\pm1800.0\mathrm{mV}$
	pH-pX	$0.000\sim13.999\mathrm{pH\text{-}pX}$
	浓度	与电位测量范围和指示电极相适应的各种浓度值
精度	pX	$0.005\mathrm{pX}\pm1$
	mV	$\pm0.03\%(\mathrm{FS})$
输入方式		双高阻输入
输入阻抗		大于 $10^{12}\Omega$
输出		4×20 位智能化液晶显示屏
操作功能		电位、pH-pX、标准曲线法、直读浓度、标准添加法、试样添加法、GRAN 法、斜率测定
电源		交流 $220\mathrm{V}\pm22\mathrm{V};50\mathrm{Hz}\pm1\mathrm{Hz}$
体积(长×宽×高)		$330\mathrm{mm}\times235\mathrm{mm}\times105\mathrm{mm}$
质量		3kg
功率		30W

（2）主要操作方法

① 接通电源，这时仪器显示"MAIN MENU PRESS 0-9 TO CHOOSE!"。若打印机未连接上，则仪器显示"PRINTER ERROR TYPE YES TO CONTINUE"，此时按 YES 键，可以做下面的工作。

② E-mV 模式　本模式可直接测量体系到平衡后的电位。

按"0"键，仪器显示 E-mV。

0：ESC 表示退出本工作模式，回到准备状态。

1：START 开始测量。

2：PRINT OFF（ON）打印关（打印开）。

按"1"键，仪器显示"E-mV ELECTRONDE mV＝*　　*mV"。测量结束，按"STOP"键，回到准备状态。

三、仪器和试剂

1. 仪器

pXSJ-216 型离子分析仪，氟离子选择电极，容量瓶（50mL 8 个），酸式滴定管（10mL 1 支），移液管（10mL 1 个），吸量管（10mL 1 支），洗瓶，秒表。

2. 试剂

NaF（分析纯），柠檬酸钠溶液，酚红指示剂（0.1％溶液），HCl（1＋1），$NH_3 \cdot H_2O$（1＋1）。

四、实验内容

1. 开启 pXSJ-216 型离子分析仪

按仪器使用方法，开启仪器，使仪器预热半小时以上，安装好氟电极（接负）和甘汞电极（接正）。开动磁力搅拌器，用去离子水清洗电极，使读数达到－300mV 左右。

2. 氟标准溶液的配制（由实验室统一配制）

称取分析纯 NaF 1.1050g（在 500℃焙烧 15min）溶于水中，然后将此溶液转移至 500mL 容量瓶中，并稀释至刻度，摇匀，转移到塑料瓶中贮存，此溶液 1mL 含 1.000mg 氟。

然后再稀释 10 倍，配成 1mL 含 100.00μg 氟的标准溶液。

3. 标准系列的配制

用 10mL 滴定管分别取 100.00μg·mL^{-1} 的氟标准液 0.50mL、1.00mL、2.00mL、4.00mL、6.00mL、8.00mL 于 50mL 容量瓶中，加 10mL 柠檬酸钠溶液，加 1～2 滴 0.1％酚红指示剂，先滴加（1＋1）$NH_3 \cdot H_2O$ 调至溶液到红色，再滴加（1＋1）HCl 调至黄色，再加 10mL 柠檬酸钠溶液，用水稀释至刻度，摇匀，备用。

4. 标准曲线的绘制

将标准系列从稀到浓依次倒在 50mL 小烧杯中（浓度由小到大，电极和烧杯不必水洗），加入搅拌磁子，插入电极，搅拌 3min，再停止搅拌 2min，然后读毫伏值。用坐标纸绘制 E_{F^-}-$\ln m_{F^-}$ 标准曲线或在电脑上用 Excel 作图。

5. 水样的测定

取一个 50mL 容量瓶，加入 10.00mL 水样，按上述标准系列配制方法操作，配成水样溶液。将电极充分洗净后，测定其溶液的电位（mV），记录于表 1-13-1。

表 1-13-1　数据处理表　　　　室温　　℃

氟标准溶液的体积/mL	0.50	1.00	2.00	4.00	6.00	8.00	水样
$m_{F^-}/\mu g$							
$\ln m_{F^-}$							
E_{F^-}/mV							

6. 求水样中氟离子浓度

根据测得水样的 E_{F^-} 值，在 F⁻ 标准工作曲线上查得氟离子质量为 m_{F^-}（水样），由此可以计算水样中的含氟量及 F⁻ 的浓度。

五、思考题

（1）氟化镧电极为何能选择性地测氟？

（2）TISAB 作用是什么？本实验中所用 TISAB 的主要成分是什么？

（3）溶液酸度对测定有何影响？

（4）本实验要提高测氟准确度关键在哪里？

实验 14　电极电势的测定　　◄◄◄

一、实验目的

（1）学习测定电极电势的基本原理和方法。

（2）了解溶液浓度、介质的 pH 值对电极电势的影响。

（3）学习应用 PHS-3C 型酸度计测定电极电势的方法。

二、实验原理

1. 电极电势的测定

如果测定锌电极的电极电势，可将锌电极与标准氢电极组成原电池。测出此原电池的电动势 E，即能算出锌电极的电极电势。但由于标准氢电极在实验中操作不方便，故在本实验中改用电势较稳定的甘汞电极代替标准氢电极（当 KCl 为饱和溶液，温度为 298.15K 时，其电极电势值为 0.2415V）。用待测的锌电极与甘汞电极组成原电池，测出原电池的电动势 E，即能算出锌电极的电极电势 φ（Zn^{2+}/Zn）。

$$E = \varphi_+ - \varphi_- = \varphi(甘汞电极) - \varphi(Zn^{2+}/Zn)$$

即　　　　　　　　$\varphi(Zn^{2+}/Zn)=\varphi(甘汞电极)-E=0.2415V-E$

通过能斯特公式可求算出 298.15K 时标准锌电极的电极电势值 $\varphi^{\ominus}$（Zn^{2+}/Zn）

$$\varphi(Zn^{2+}/Zn)=\varphi^{\ominus}(Zn^{2+}/Zn)-\frac{0.05917V}{2}\times lg\frac{1}{c(Zn^{2+})}$$

因此　　　　$\varphi^{\ominus}(Zn^{2+}/Zn)=\varphi(Zn^{2+}/Zn)+\frac{0.05917V}{2}\times lg\frac{1}{c(Zn^{2+})}$

2. 浓度对电极电势的影响

能斯特公式反映出浓度对电极电势的影响，现以锌电极和氯电极为例，298.15K 时，它们的电极电势及能斯特方程如下：

$$Zn^{2+}(aq)+2e^-\rightleftharpoons Zn(s)$$

$$\varphi^{\ominus}(Zn^{2+}/Zn)=-0.76V$$

$$\varphi(Zn^{2+}/Zn)=\varphi^{\ominus}(Zn^{2+}/Zn)-\frac{0.05917V}{2}\times lg\frac{1}{c(Zn^{2+})}$$

$$Cl_2+2e^-\rightleftharpoons 2Cl^-(aq)$$

$$\varphi^{\ominus}(Cl_2/Cl^-)=1.36V$$

$$\varphi(Cl_2/Cl^-)=\varphi^{\ominus}(Cl_2/Cl^-)-\frac{0.05917V}{2}\times lg\frac{[c(Cl^-)]^2}{p(Cl_2)}$$

从能斯特方程可看出，当氧化态物质如 Zn^{2+}、Cl_2 的浓度（气体为分压）降低时，该电极电势也随之降低。

如果氧化态物质形成了配位化合物或沉淀，使得氧化态物质的浓度大为降低，也可以导致电极电势的下降。例如 $\varphi^{\ominus}$（Cu^{2+}/Cu）$=0.337V$，若加氨水则 Cu^{2+} 变成 $[Cu(NH_3)_4]^{2+}$，使 Cu^{2+} 浓度大为降低，而导致电极电势的下降 $\varphi^{\ominus}$（$[Cu(NH_3)_4]^{2+}/Cu$）$=0.05V$。

又如，298.15K 时，

$$I_2(s)+2e^-\rightleftharpoons 2I^-(aq)$$

$$\varphi^{\ominus}(I_2/I^-)=0.54V$$

$$\varphi(I_2/I^-)=\varphi^{\ominus}(I_2/I^-)-\frac{0.05917V}{2}\times lg[c(I^-)]^2$$

$$[Fe(CN)_6]^{3-}(aq)+e^-\rightleftharpoons [Fe(CN)_6]^{4-}(aq)$$

$$\varphi^{\ominus}([Fe(CN)_6]^{3-}/[Fe(CN)_6]^{4-})=0.36V$$

$$\varphi([Fe(CN)_6]^{3-}/[Fe(CN)_6]^{4-})=\varphi^{\ominus}([Fe(CN)_6]^{3-}/[Fe(CN)_6]^{4-})-$$

$$0.05917V\times lg\frac{c[Fe(CN)_6]^{4-}}{c[Fe(CN)_6]^{3-}}$$

因为 $\varphi^{\ominus}([Fe(CN)_6]^{3-}/[Fe(CN)_6]^{4-})<\varphi^{\ominus}(I_2/I^-)$，所以下述反应不能发生：

$$2I^-(aq)+2[Fe(CN)_6]^{3-}(aq)\Longrightarrow I_2(s)+2[Fe(CN)_6]^{4-}(aq)$$

但如果在溶液中加入 Zn^{2+}，使生成 $Zn_2[Fe(CN)_6]$ 的白色沉淀，大大降低了还原态物质$[Fe(CN)_6]^{4-}$的浓度,从而使$\varphi([Fe(CN)_6]^{3-}/[Fe(CN)_6]^{4-})$的值增大,当满足$\varphi([Fe(CN)_6]^{3-}/[Fe(CN)_6]^{4-})>\varphi(I_2/I^-)$时,下述反应就能够顺利地由左向右进行:

$$2I^-(aq)+2[Fe(CN)_6]^{3-}(aq)+4Zn^{2+}(aq)\Longrightarrow I_2(s)+2Zn_2[Fe(CN)_6](s,白色)$$

电极电势除与浓度有关外,还与温度有关。若温度不是298.15K,可用能斯特方程进行计算。

对于电极反应

$$a(氧化态物质)+ne^-\Longrightarrow b(还原态物质)$$

$$\varphi=\varphi^{\ominus}-\frac{RT}{nF}\times\ln\frac{[c(还原态物质)]^b}{[c(氧化态物质)]^a}$$

三、仪器和试剂

1. 仪器

PHS-3C型酸度计,甘汞电极,锌电极(锌棒1根),铜电极(铜棒1根),KCl盐桥,烧杯(50mL 3个),量筒(50mL、10mL各1个),试管(10mL 10支),砂纸,滴管,导线,洗瓶,玻璃棒。

2. 试剂

$ZnSO_4$($0.100mol\cdot L^{-1}$),$CuSO_4$($0.100mol\cdot L^{-1}$),KI($0.1mol\cdot L^{-1}$),$K_2Cr_2O_7$($0.1mol\cdot L^{-1}$),KIO_3($0.1mol\cdot L^{-1}$),$NH_3\cdot H_2O$($6.0mol\cdot L^{-1}$),KCl(饱和),CCl_4,$K_3[Fe(CN)_6]$($0.1mol\cdot L^{-1}$)与$K_4[Fe(CN)_6]$($0.1mol\cdot L^{-1}$)的混合溶液。

四、实验内容

(一)电极电势的测定

1. 装置

取两个干燥的50mL烧杯,分别加入约30mL $0.100mol\cdot L^{-1}ZnSO_4$溶液和饱和KCl溶液,在盛有$ZnSO_4$的烧杯中,插入连有导线的锌棒(锌棒表面的氧化层要用砂纸擦干净);在盛有KCl溶液的烧杯中插入饱和甘汞电极,在两个烧杯间架上盐桥,便组成了原电池(图1-14-1)。

$$(-)Zn|ZnSO_4(0.100mol\cdot L^{-1})\parallel KCl(饱和溶液)|Hg_2Cl_2|Hg|Pt(+)$$

2. 测量步骤

(1)电极连线:把甘汞电极(正极)上的导线接在酸度计的(+)极上,锌电极(负极)上的导线接在(一)极上。

(2)接通电源:把电源开关拨向"开",指示灯即亮,使仪器预热10min。

(3)把"pH-mV"选择旋钮拨到"mV"处。

(4)测量:将电极浸入待测溶液中,即显示出电动势E读数。

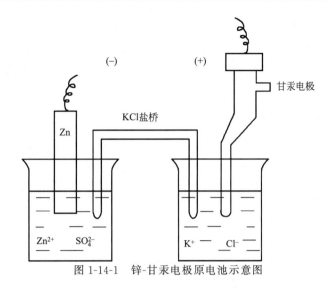

图 1-14-1 锌-甘汞电极原电池示意图

3. 计算

根据所测电动势 E，求出锌在 $0.100 mol \cdot L^{-1}$ ZnSO₄ 溶液中的电极电势 φ（Zn^{2+}/Zn），再用能斯特方程计算出锌电极的标准电极电势 $\varphi^{\ominus}$（Zn^{2+}/Zn）值。

（二）浓度对电极电势的影响

1. 铜-锌原电池

铜-锌原电池（图 1-14-2）的组装方法如上，电池符号为：

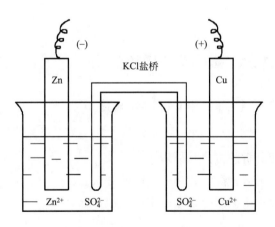

图 1-14-2 铜-锌原电池示意图

$$（-）Zn|ZnSO_4（0.100 mol \cdot L^{-1}）\parallel CuSO_4（0.100 mol \cdot L^{-1}）|Cu（+）$$

按照测定电池电动势的方法测定此电池的电动势（重换一支盐桥），并计算出电极的电极电势 φ（Cu^{2+}/Cu）和标准电极电势 $\varphi^{\ominus}$（Cu^{2+}/Cu）值。

2. 形成配离子对电极电势的影响

取出盐桥和铜电极，然后在 CuSO₄ 溶液中缓缓滴加 $6.0 mol \cdot L^{-1}$ 的氨水并不断搅拌至生成的沉淀又重新溶解为止（即生成深蓝色 $[Cu(NH_3)_4]^{2+}$ 配离子，此时溶液中 Cu^{2+} 的浓度大大降低）。放入盐桥和铜电极，测定此原电池电动势，记下读数。

从实验测定铜-锌原电池的电动势值的变化，说明离子浓度的改变对电极电势的影响。

3. 生成沉淀对电极电势的影响

往试管中加入 5 滴 $0.1 mol \cdot L^{-1} KI$ 溶液，再加入 5 滴含有 $0.1 mol \cdot L^{-1} K_3[Fe(CN)_6]$ 与 $0.1 mol \cdot L^{-1} K_4[Fe(CN)_6]$ 的混合液，混合均匀后，加入 $1 mL CCl_4$ 充分振荡，观察 CCl_4 层的现象。然后再加入 5 滴 $0.100 mol \cdot L^{-1} ZnSO_4$ 溶液，充分振荡，观察 CCl_4 层的现象。试解释这些现象。

五、思考题

（1）原电池的盐桥有什么作用？

（2）溶液中离子浓度对电极电势有何影响？在 $CuSO_4$ 溶液中加入 $NH_3 \cdot H_2O$ 时，Cu^{2+} 浓度为什么会降低？对铜-锌原电池电动势有何影响？

（3）$[Fe(CN)_6]^{3-}$ 为什么不能把 I^- 氧化成 I_2？当加入 Zn^{2+} 时为什么 $[Fe(CN)_6]^{3-}$ 就能把 I^- 氧化成 I_2？

（4）在测定电极电势之前，为什么要将锌片、铜片用砂纸打磨干净？否则会对实验产生什么影响？

实验 15 蛋壳中钙、镁含量的测定 ◂◂◂

方法一 配合滴定法测定蛋壳中 Ca 与 Mg 含量

（一）实验目的

（1）掌握配合滴定分析的方法与原理。

（2）学习使用配合掩蔽排除干扰离子影响的方法。

（3）训练对食物试样中某组分含量测定的一般步骤。

（二）实验原理

蛋壳的主要成分为 $CaCO_3$，其次为 $MgCO_3$、蛋白质、色素以及少量的 Fe、Al。

在 pH＝10，用铬黑 T 作指示剂，用 EDTA 直接测定 Ca^{2+}、Mg^{2+} 总量，为了提高配合选择性，在 pH＝10 时，加入掩蔽剂三乙醇胺，使之与 Fe^{3+}、Al^{3+} 等离子生成更稳定的配合物，以排除它们对 Ca^{2+}、Mg^{2+} 测定的干扰。

在 pH 值大于 12.5 时，以钙黄绿素为指示剂，用 EDTA 可以测定 Ca^{2+} 含量，二者差值即为 Mg^{2+} 含量。

（三）仪器和试剂

1. 仪器

烧杯（250mL、400 mL 各 1 个），研钵，电子天平，电炉，容量瓶（250mL 1 个），移液管（25mL 1 支），量筒，酸式滴定管（25mL 1 支），锥形瓶（250mL 3 个）。

2. 试剂

HCl（6mol·L^{-1}），铬黑 T 指示剂，钙黄绿素指示剂，三乙醇胺水溶液（1＋2），NH_4Cl-NH_3·H_2O 缓冲溶液（pH＝10），KOH（20%），EDTA 标准溶液（0.01mol·L^{-1}），乙醇（95%）。

（四）实验内容

1. 蛋壳预处理

先将蛋壳洗净，加水煮沸 5～10min，去除蛋壳内表层的蛋白薄膜，然后把蛋壳放于烧杯中用小火烤干，研成粉末。

2. Ca、Mg 总量的测定

准确称取经预处理的蛋壳粉末 0.20～0.25g（准确到 0.1mg），小心滴加 6mol·L^{-1} HCl 溶液 4～5mL，微火加热至完全溶解（少量蛋白膜不溶），冷却，定量转移至 250mL 容量瓶，稀释至接近刻度线，若有泡沫，滴加 4～5 滴 95% 乙醇，泡沫消除后，滴加水至刻度线摇匀。

平行吸取试液 25.00mL 3 份置于 250mL 锥形瓶中，分别加去离子水 20mL，三乙醇胺 5mL，摇匀。再加 NH_4Cl-NH_3·H_2O 缓冲溶液 10mL，摇匀。放入少许铬黑 T 指示剂，用 EDTA 标准溶液滴定至溶液由酒红色恰变纯蓝色，即达终点，根据 EDTA 消耗的体积计算 Ca、Mg 总量，以 CaO 的含量表示。

3. Ca 含量的测定

平行吸取试液 25.00mL 3 份置于 250mL 锥形瓶中，分别加去离子水约 20mL，三乙醇胺 5mL，摇匀。再加 KOH（20%）10mL，摇匀。加入 2 滴钙黄绿素指示剂，试液呈现荧光绿颜色，用 EDTA 标准溶液滴定至荧光绿消失，呈浅橙色，即达终点，根据 EDTA 消耗的体积计算 Ca 含量，以 CaO 的含量表示。

4. 根据二者差值计算镁含量

（五）思考题

（1）如何确定蛋壳粉末的称量范围？

（2）试列出求钙镁总量及分量的计算式（以 CaO 含量表示）。

方法二　酸碱滴定法测定蛋壳中 CaO 的含量

（一）实验目的

（1）学习用酸碱滴定方法测定 CaO 的原理及指示剂选择。

（2）巩固滴定分析基本操作。

（二）实验原理

蛋壳中的碳酸盐能与 HCl 溶液发生反应：

$$CaCO_3 + 2H^+ == Ca^{2+} + CO_2\uparrow + H_2O$$

过量的酸可用氢氧化钠标准溶液回滴，依据实际与 $CaCO_3$ 反应的盐酸标准溶液体积求得蛋壳中 $CaCO_3$ 含量，以 CaO 质量分数表示。

实验中的注意事项：

① 蛋壳中钙主要以 $CaCO_3$ 形式存在，同时也有 $MgCO_3$，以 CaO 表示 Ca＋Mg 总量。

② 由于盐酸较稀，溶解时需加热一段时间，试样中有不溶物，如蛋白质之类，但不影响测定。

（三）仪器和试剂

1. 仪器

酸式滴定管（25mL 1 支），碱式滴定管（25mL 1 支），试剂瓶（500mL 2 个），锥形瓶（250mL 3 个），电子天平，研钵，电炉，移液管（25mL 1 支），烧杯（250mL，400mL 各 1 个）。

2. 试剂

浓盐酸（分析纯），NaOH（分析纯），甲基橙（0.1%），Na_2CO_3（优极纯），蛋壳。

（四）实验内容

（1）0.5mol·L^{-1} NaOH 配制　称 10g NaOH 固体于小烧杯中，加 H_2O 溶解后移至试剂瓶中用蒸馏水稀释至 500mL，加橡皮塞，摇匀。

（2）0.5mol·L^{-1} HCl 配制　用量筒量取浓盐酸 21mL 于 500mL 试剂瓶中，用蒸馏水稀释至 500mL，加盖，摇匀。

（3）酸碱标定　准确称取基准 Na_2CO_3 0.55～0.65g 3 份于锥形瓶中，分别加入 50mL 煮沸去 CO_2 并冷却的去离子水，摇匀，温热使溶解，加入 1～2 滴甲基橙指示剂，用以上配制的 HCl 溶液滴定至橙色为终点，计算 HCl 溶液的准确浓度。再用该 HCl 标准溶液标定 NaOH 溶液的浓度。（以上由实验室统一进行）

（4）蛋壳的预处理　同方法一。

（5）CaO 含量的测定　准确称取经预处理的蛋壳粉 0.2g（准确到 0.1mg）左右，于 3 个锥形瓶内，用移液管加入已标定好的 HCl 标准溶液 25mL，小火加热溶解，冷却，加酚酞指示剂 1～2 滴，用 NaOH 标准溶液回滴至微红色（30s 不褪色），记录消耗体积 V（NaOH），按滴定分析记录格式作表格，记录数据，按下式计算 w（CaO）（质量分数）：

$$w(CaO) = \frac{[c(HCl)V(HCl) - c(NaOH)V(NaOH)] \times 56.08}{2000 m_{蛋壳样品}}$$

（五）思考题

（1）蛋壳溶解时应注意什么？

（2）为什么说 $w(CaO)$ 是表示 Ca 与 Mg 的总量？

方法三　高锰酸钾法测定蛋壳中 CaO 的含量

（一）实验目的

（1）学习间接氧化还原法测定 CaO 的含量。

（2）巩固沉淀分离、过滤洗涤与滴定分析基本操作。

（二）实验原理

利用蛋壳中的 Ca^{2+} 与草酸盐形成难溶的草酸盐沉淀，将沉淀经过滤洗涤分离后溶解，用高锰酸钾法测定 $C_2O_4^{2-}$ 含量，换算出 CaO 的含量，反应如下：

$$Ca^{2+} + C_2O_4^{2-} \Longrightarrow CaC_2O_4 \downarrow$$

$$CaC_2O_4 + 2H^+ + SO_4^{2-} \Longrightarrow CaSO_4 + H_2C_2O_4$$

$$5H_2C_2O_4 + 2MnO_4^- + 6H^+ \Longrightarrow 2Mn^{2+} + 10CO_2 \uparrow + 8H_2O$$

某些金属离子（Ba^{2+}、Sr^{2+}、Mg^{2+}、Pb^{2+}、Cd^{2+} 等）与 $C_2O_4^{2-}$ 形成沉淀，对测定 Ca^{2+} 有干扰。

（三）仪器和试剂

1. 仪器

电子天平，烧杯（250mL，400 mL 各 1 个），表面皿，容量瓶（250mL 1 个），移液管（25mL 1 支），量筒，酸式滴定管（25mL 1 支），锥形瓶（250mL 3 个）。

2. 试剂

$KMnO_4$（$0.01mol \cdot L^{-1}$），$(NH_4)_2C_2O_4$（2.5%），$NH_3 \cdot H_2O$（10%），H_2SO_4（$1mol \cdot L^{-1}$），HCl（1+1），甲基橙，$AgNO_3$（$0.1mol \cdot L^{-1}$）。

（四）实验内容

（1）准确称取 0.2g 蛋壳两份，分别放在 250mL 烧杯中，加（1+1）盐酸 3mL，蒸馏水 20mL，加热溶解，若有不溶解蛋白质，可过滤。

（2）滤液置于烧杯中，加入 5% 草酸铵溶液 50mL，若出现沉淀，再加浓盐酸使之溶解，然后加热至 70～80℃，加入 2～3 滴甲基橙，溶液呈红色，逐滴加入 10% 氨水，不断搅拌，直至变黄并有氨味逸出为止。

（3）将溶液放置陈化（或水浴上加热 30min 陈化），沉淀经过滤洗涤，直至无 Cl^-。

（4）将带有沉淀的滤纸铺在先前用来进行沉淀的烧杯内壁上，用 $1mol \cdot L^{-1} H_2SO_4$ 50mL 把沉淀由滤纸洗入烧杯中，再用洗瓶吹洗 1～2 次。

（5）稀释溶液至体积约为 100mL，加热至 70～80℃，用 $KMnO_4$ 标准溶液滴定至溶液呈浅红色为终点，再把滤纸推入溶液中，再滴加 $KMnO_4$ 至浅红色，在 30s 内不消失为止，计算 CaO 的质量分数。相对偏差要求小于 0.3%。

（五）思考题

（1）用（NH_4）$_2C_2O_4$ 沉淀钙，为什么要先在酸性溶液中加入沉淀剂，然后在 70～80℃时滴加氨水至甲基橙变黄色，使 CaC_2O_4 沉淀？

（2）如将带 CaC_2O_4 的滤纸一起投入烧杯，以硫酸处理后再用 $KMnO_4$ 滴定，结果如何？

实验 16　茶叶中微量元素的鉴定与定量分析　◄◄◄

一、实验目的

（1）了解植物类样品的基本溶解方法。

（2）掌握茶叶中铁、铝、钙、镁的定性鉴定方法。

（3）掌握磺基水杨酸分光光度法测定茶叶中微量铁的分析方法。

（4）提高综合利用知识的能力。

二、实验原理

茶叶属于植物类，为有机体，主要由 C、H、N 和 O 等元素组成，其中含有 Fe、Al、Ca、Mg 等微量元素。

溶解茶叶时首先进行"干灰化"，即试样在空气中置于敞口的蒸发皿或坩埚中加热，把有机物经氧化分解而烧成灰烬。这一方法特别适用于生物样品和食品的预处理。灰化后，经酸溶解，即可逐级进行分析。

分析测量时，Fe^{3+}、Al^{3+} 的存在会干扰 Ca^{2+}、Mg^{2+} 的测定。分析时，可用三乙醇胺掩蔽 Fe^{3+}、Al^{3+}，也可以采用沉淀法进行分离。例如，根据 Fe^{3+}、Al^{3+}、Ca^{2+}、Mg^{2+} 在碱中的溶解度不同，在 pH 为 6.5～7.5 时可以用氨水与 Fe^{3+}、Al^{3+} 生成沉淀，而 Ca^{2+}、Mg^{2+} 留在溶液中，进行分离。

铁、铝混合液中 Al^{3+} 对 Fe^{3+} 的鉴定无干扰，但 Fe^{3+} 对 Al^{3+} 的鉴定有干扰。利用 Al^{3+} 的两性，加入过量的强碱，使 Al^{3+} 转化为 AlO_2^- 留在溶液中，Fe^{3+} 则生成沉淀，经分离去除后，即可消除干扰。

钙、镁混合液中，Ca^{2+} 和 Mg^{2+} 的鉴定互不干扰，可直接鉴定，不必分离。

铁、铝、钙、镁各自的特征反应如下：

$$Fe^{3+}+nKSCN(饱和) \longrightarrow Fe(SCN)_n^{3-n}(血红色)+nK^+$$

$$Al^{3+}+铝试剂+OH^- \longrightarrow 粉红色$$

$$Mg^{2+}+镁试剂+OH^- \longrightarrow 天蓝色沉淀$$

$$Ca^{2+}+钙黄绿素+OH^- \longrightarrow 荧光绿$$

根据上述特征反应的实验现象，可分别鉴定出 Fe、Al、Ca、Mg 4 种元素。

茶叶中铁含量较低，可用磺基水杨酸显色分光光度法测定。测定原理参见实验 10 "钼酸铵分光光度法测磷"。

三、仪器和试剂

1. 仪器

研钵，蒸发皿，分析天平，快速定量滤纸，长颈漏斗，漏斗架，容量瓶（250mL 1 个，100mL 2 个，50mL 1 个），吸量管（5mL 1 支），移液管（10mL 1 支），小试管（10mL 2 支），比色管（50mL 9 个），烧杯（150mL 1 个），表面皿（1 个），点滴板（1 个），玻璃棒（1 个）。

2. 试剂

HCl（6mol·L^{-1}，1+2），NH$_3$·H$_2$O（1+1），NaOH（6mol·L^{-1}），KSCN（饱和溶液），Fe 标准溶液（0.1000mg·mL^{-1}），铝试剂，镁试剂，钙黄绿素，磺基水杨酸溶液（20%），KOH（20%）。

四、实验内容

1. 茶叶试液的制备

取茶叶于研钵中捣成细末，准确称取 6～7g 茶叶于蒸发皿中。将盛有茶叶末的蒸发皿加热使茶叶灰化（在通风橱中进行），然后升高温度，使其完全灰化（呈灰白色），冷却后，加 6mol·L^{-1} HCl 10mL 于蒸发皿中，搅拌溶解（可能有少量不溶物），过滤于 50mL 容量瓶中，定容，摇匀，得到茶叶溶液，标记为 1$^{\#}$ 试液。

2. 干扰元素的分离

用移液管准确分取 1$^{\#}$ 试液 10mL 于烧杯中，加（1+2）HCl 约 20mL，加去离子水至约 50mL，置于电炉上加热至微沸，再加（1+1）NH$_3$·H$_2$O 控制溶液 pH 为 6～7，（可加一滴甲基红使溶液颜色由红变黄）使产生沉淀，要有较浓的 NH$_3$·H$_2$O 味。过滤，滤液用 250mL 容量瓶承接。该滤液中含有 Ca^{2+}、Mg^{2+}，标记为 2$^{\#}$ 试液。

另取 100mL 容量瓶置于长颈漏斗之下，加（1+2）HCl 20mL 于烧杯中，盖上表面皿，置于电炉上加热至沸腾，用其溶解滤纸上的沉淀，并少量多次地洗涤烧杯及滤纸。确认沉淀全部溶解，洗净后，定容，摇匀。该滤液中含有 Fe^{3+}、Al^{3+}，标记为 3$^{\#}$ 试液。

3. Fe^{3+}、Al^{3+}、Ca^{2+}、Mg^{2+} 的定性鉴定

从 2$^{\#}$ 试液的容量瓶中倒出试液少许于点滴板上，加镁试剂 2 滴，再加 6mol·L^{-1} NaOH 碱化，观察现象，做出判断。

从 2$^{\#}$ 试液的容量瓶中倒出试液少许于点滴板上，加入 10～15 滴 KOH（20%），再加入钙黄绿素 1 滴，观察现象，做出判断。

从 3# 试液的容量瓶中倒出试液少许于点滴板上，加饱和 KSCN 溶液 1～2 滴，根据实验现象，做出判断。

从 3# 试液的容量瓶中倒出试液约 1～2mL 于小试管中，加过量 6mol·L^{-1}NaOH（约 1 吸管），摇匀，干过滤于洁净的小试管中。倒出少许过滤液于点滴板上，加铝试剂 2 滴，放置片刻，观察实验现象，做出判断。

4. 茶叶中 Fe 含量的测定

（1）吸收曲线的绘制　用滴定管量取铁标准溶液 0.00、2.00mL、4.00mL 分别注入 50mL 比色管中，加入 20％磺基水杨酸溶液 5mL，用（1＋1）NH$_3$·H$_2$O 中和至溶液由紫红色刚变黄色后再过量 2mL，用去离子水稀释至刻度，摇匀。用 1cm 比色皿，以空白溶液为参比溶液，在 722S 分光光度计中，在波长 380～540nm 间分别测定其吸光度，以波长为横坐标，吸光度为纵坐标，绘制吸收曲线，并确定最大吸收峰的波长，以此为测量波长。

（2）标准曲线的绘制　用滴定管分别量取含 100μg/mL Fe$_2$O$_3$ 的标准溶液 0.00、0.50mL、1.00mL、2.00mL、3.00mL、4.00mL、5.00mL 于 7 个 50mL 比色管中，用去离子水稀释至约一半左右。加入 20％磺基水杨酸溶液 5mL，用（1＋1）NH$_3$·H$_2$O 中和至溶液由紫红色刚变黄色后再过量 2mL，用去离子水稀释至刻度，摇匀。以空白溶液为参比溶液，用 1cm 比色皿于最大吸收波长 420nm 处测量其吸光度。以 50mL 溶液中铁含量为横坐标，相应的吸光度为纵坐标，绘制标准曲线。

（3）茶叶中 Fe 含量测定

① 分离液　用移液管从 3# 容量瓶中准确吸取 10mL 试液于 50mL 比色管中，显色过程同标准曲线的绘制。以空白溶液为参比溶液，在 420nm 处测定其吸光度，从标准曲线上求出 50mL 比色管中 Fe 的含量，并计算出茶叶中 Fe 的含量，以 Fe$_2$O$_3$ 质量分数表示之。

② 原溶液　用移液管从 1# 容量瓶中准确吸取 10mL 试液于洁净的 100mL 容量瓶中，定容，摇匀。从该 100mL 容量瓶中准确吸取 10mL 试液于 50mL 比色管中，显色过程同标准曲线的绘制。以空白溶液为参比溶液，在 420nm 处测定其吸光度，从标准曲线上求出 50mL 比色管中 Fe 的含量，并计算出茶叶中 Fe 的含量，以 Fe$_2$O$_3$ 质量分数表示之。

五、思考题

（1）磺基水杨酸显色分光光度法测铁的原理是什么？

（2）茶叶中含有哪些金属元素？

实验 17　天然水总硬度的测定　◄◄◄

一、实验目的

（1）学会自行配制 EDTA 并标定其浓度。

（2）综合运用学过的知识测定天然水总硬度。

二、实验原理

水的总硬度的测定可分为水的总硬度和钙镁硬度的测定两种，前者是测定 Ca、Mg 总量，以钙化合物含量表示，后者是分别测定 Ca 和 Mg 的含量。

世界各国有不同表示水的硬度的方法。德国硬度（°d）是每度相当于 1L 水中含有 10mg CaO；法国硬度（°f）是每度相当于 1L 水中含有 10mg $CaCO_3$；英国硬度（°e）是每度相当于 0.7L 水中含 10mg $CaCO_3$；美国硬度是每度等于法国硬度的十分之一；我国是采用德国硬度单位制。

水中除碱金属离子外，其它金属离子如钙、镁、铁、铝、锰及重金属离子皆能构成水的硬度。水的硬度与工业用水和生活用水的关系极为密切，是评价水质的重要指标之一。

钙广泛分布在天然水中，它来自水体周围含钙岩石或土壤的溶解。由于钙的主要盐类（碳酸钙和硫酸钙）的溶解度小，故天然水中钙的含量一般是不高的。钙是构成水的硬度的主要成分之一，因此对工业用水影响极大。

在天然水中，钙、镁离子的含量，相对来说远远大于构成硬度的其它金属离子，故所谓硬度通常可从水中钙、镁的含量计算，用每升水含碳酸钙的质量（mg）表示。经煮沸后能生成沉淀的部分（主要是钙、镁的重碳酸盐），称为暂时硬度或碳酸盐硬度；煮沸不能沉淀的部分（钙、镁的氯化物、硫酸盐及硝酸盐等）称为永久硬度或非碳酸盐硬度。此外，当水中总碱度超过总硬度时，则超过部分称为负硬度。

在 pH＝10 的氨性缓冲溶液中，钙、镁离子与指示剂（酸性铬蓝 K、铬黑 T 或铬蓝黑）作用，生成有色的配合物。滴入乙二胺四乙酸二钠溶液后，则乙二胺四乙酸二钠与钙、镁反应，形成无色配合物，呈现指示剂本身的蓝色。根据乙二胺四乙酸二钠溶液所消耗的体积，便可计算出水的总硬度。

本方法适用于地下水中硬度的测定，测定范围为 $20\sim500$mg·L^{-1}（以碳酸钙计）。

三、仪器和试剂

1. 仪器

酸式滴定管（10mL 1 支），移液管（10mL、25mL、50mL 各 1 支），锥形瓶（250mL 3 个），洗瓶，铁架台，洗耳球，烧杯，玻璃棒。

2. 试剂

氢氧化钠溶液（2mol·L^{-1}），氨性缓冲溶液（pH＝10），酸性铬蓝 K-萘酚绿 B 混合溶液，铬黑 T（2%），钙标准溶液（0.01mol·L^{-1}），乙二胺四乙酸二钠（分析纯）。

四、实验内容

1. 配制 0.01mol·L^{-1} EDTA 溶液

称取乙二胺四乙酸二钠 3.72g 溶于 1000mL 蒸馏水中，摇匀，备用。

2. EDTA 浓度的标定

EDTA 溶液一般可用以下三种方法标定：

（1）以金属锌为基准　准确称取约 0.15g 金属锌，置于 100mL 烧杯中，加入 10mL （1＋1）HCl 溶液，盖上表面皿，待完全溶解后，用水吹洗表面皿和烧杯壁，将溶液转入 250mL 容量瓶中，用去离子水稀释至刻度，摇匀。

用移液管移取 25.00mL Zn^{2+} 标准溶液于 250mL 锥形瓶中，加入 1～2 滴二甲酚橙指示剂，滴加 20% 六亚甲基四胺溶液至溶液呈现稳定的紫红色后，再过量加入 5mL，用 EDTA 溶液滴定至溶液由紫红色变为亮黄色，即为终点。根据滴定时用去的 EDTA 体积和金属锌的质量，计算 EDTA 溶液的准确浓度。

（2）以 ZnO 为基准　准确称取在 800℃ 灼烧至恒重的基准 ZnO 0.4g，先用少量水润湿，加（1＋1）HCl 10mL，盖上表面皿，使其溶解。待溶解完全后，吹洗表面皿，将溶液转移至 250mL 容量瓶中，用水稀释至刻度。

用移液管移取 25.00mL Zn^{2+} 溶液于 250mL 锥形瓶中，加甲基红指示剂一滴，滴加氨水至呈微黄色，再加蒸馏水 25mL，氨缓冲溶液 10mL，摇匀。加入铬黑 T 指示剂 5 滴，用 EDTA 溶液滴定至溶液由酒红色变为纯蓝色，即为终点。根据滴定用去的 EDTA 体积和 ZnO 质量，计算 EDTA 溶液的准确浓度。

（3）以 CaCO$_3$ 为基准　准确称取 0.35～0.40g CaCO$_3$ 于 250mL 烧杯中，先用少量水润湿，盖上表面皿，缓慢加入（1＋1）HCl 10～20mL，加热溶解。溶解后将溶液转入 250mL 容量瓶中，用水稀释至刻度，摇匀。

用移液管移取 25.00mL Ca^{2+} 溶液于 250mL 锥形瓶中，加入 20mL pH＝10 的氨缓冲液和 2～3 滴 K-B 指示剂，用 EDTA 溶液滴定至溶液由紫红色变为亮蓝色，即为终点。根据滴定用去的 EDTA 体积和 CaCO$_3$ 质量，计算 EDTA 溶液的准确浓度。

本实验为了使标定和测定的介质一致，选用 pH＝10 的氨性缓冲介质对 EDTA 标定。

$$c(乙二胺四乙酸二钠溶液, mol·L^{-1}) = \frac{M_1 V_1}{V}$$

式中　M_1——钙标准溶液的浓度，mol·L^{-1}；

　　　V_1——钙标准溶液所吸取的体积，mL；

　　　V——乙二胺四乙酸二钠溶液滴定所消耗的体积，mL。

3. 水样分析

（1）吸取水样 50.00mL 于 150mL 锥形瓶中；

（2）加入氨性缓冲溶液 10mL、K-B 指示剂 3～4 滴，用乙二胺四乙酸二钠溶液滴定到试液由紫红色变为亮蓝色即为终点。

4. 计算

$$总硬度(CaCO_3, mg \cdot L^{-1}) = \frac{MV_1 \times 100.08}{V} \times 1000$$

式中　　M——乙二胺四乙酸二钠溶液的浓度，$mol \cdot L^{-1}$；

　　　　V_1——乙二胺四乙酸二钠溶液滴定所消耗的体积，mL；

　　　　V——取水样体积，mL。

五、讨论

（1）当水样的总碱度及钙、镁含量高时，应先向水样中加盐酸，将碱度中和，并加热煮沸溶液，逐去 CO_2，以防止加入氨缓冲溶液后部分钙、镁生成碳酸盐沉淀，使结果偏低。

（2）若水样中钙含量高，但不含镁或含镁量极微，则测定终点不清晰。为使终点明显，可在滴定前加入少量的 EDTA-镁的配合溶液，或者加入少量的镁盐溶液（加入镁 0.2mg 左右已足够，但此加入量应在测定结果中扣除）后滴定。

（3）当溶液温度低于10℃时，滴定到终点时的颜色转变缓慢，易使滴定过量。为此，先将溶液微热至30～35℃后再滴定。

（4）铁、铝、铜、锰等元素干扰滴定终点，如水样中含有较多量的这些元素时，则应按下述方法消除它们的干扰：

① 水样在未加氨缓冲溶液前，先加三乙醇胺溶液（1+1）3mL，使铁、铝等离子被配合掩蔽，而消除干扰；

② 水样在未加氨缓冲溶液前，加入少量的固体盐酸羟胺，然后加氨缓冲溶液，此时二价锰不影响滴定终点，但亦被乙二胺四乙酸二钠定量配合而计入总硬度；

③ 在待滴定的氨性溶液中，加入新配制的硫化钠溶液（2%）0.5mL，使铜及其它重金属离子生成硫化钠沉淀；或者，加入10%氰化钾溶液数滴以配合掩蔽铜及其它重金属离子（氰化钾剧毒！使用时须特别小心）。

（5）如水样的总硬度超过 $500g \cdot L^{-1}$，则应减少取样体积，用蒸馏水稀释到50mL后再测定。对总硬度小于 $20mg \cdot L^{-1}$ 的水样，应加大取样体积，并同时取等体积的重蒸馏水作空白试验，从测定结果中校正所加试剂的空白值，提高测定的准确度。

（6）当水样中含有较多量的铁、铝、锰及其它重金属离子，则亦应计入总硬度。

（7）根据测得的钙、镁含量及总碱度，可分别计算出总硬度、暂时硬度、永久硬度及负硬度。以下计算中，总碱度、总硬度、暂时硬度、永久硬度及负硬度均以碳酸钙（$mg \cdot L^{-1}$）计。

① 总硬度　将测得的钙、镁（$mg \cdot L^{-1}$），分别换算为碳酸钙（$mg \cdot L^{-1}$）后相加，即得总硬度。如水样中含有较多量的铁、铝、锰及其它重金属离子，则亦应计入总硬度。

② 暂时硬度

当总硬度＞总碱度时，则：暂时硬度＝总碱度

当总硬度＜总碱度时，则：暂时硬度＝总硬度

③ 永久硬度

当总硬度＞总碱度时，则：永久硬度＝总硬度－总碱度

当总硬度≤总碱度时，则：永久硬度＝0

④ 负硬度

当总硬度＜总碱度时，则：负硬度＝总碱度－总硬度

第二部分

综合化学实验

实验 18　铅铋混合液中 Pb^{2+}、Bi^{3+} 的连续测定　◀◀◀

一、实验目的

（1）学会用控制酸度的方法进行金属离子的连续测定。

（2）掌握连续测定铋和铅含量的原理和方法。

（3）了解指示剂变色与酸度的关系，并能正确判断滴定终点。

二、实验原理

Bi^{3+}、Pb^{2+} 均能与 EDTA 形成稳定的配合物，其 $\lg K$ 值分别为 27.94 和 18.04，二者稳定性相差很大，$\Delta\lg K = 9.90 > 6$。所以可用控制酸度的方法，在一份试液中连续滴定 Pb^{2+}、Bi^{3+} 2 个离子。测定中，二甲酚橙（XO）为指示剂（在 pH<6 时，XO 呈黄色，pH>6.3 时呈红色），XO 与 Pb^{2+}、Bi^{3+} 形成的配合物为紫红色，它们的稳定性与 Pb^{2+}、Bi^{3+} 和 EDTA 形成稳定的配合物相比要低。

测定时，先用 HNO_3 调节溶液 pH=1.0，用 EDTA 滴至溶液颜色由紫红色变为亮黄色，即为滴定 Bi^{3+} 的终点；pH=1.0，EDTA 酸效应系数 $\lg\alpha_{Y(H)} = 18.01$，XO 与 Bi^{3+} 形成的配合物 $pBi_{ep} = \lg K_{BiIn} = 4.0$。

然后加入六亚甲基四胺溶液，调节溶液 pH 约 5~6，此时 XO 与 Pb^{2+} 形成紫红色的配合物（pH=6.0，EDTA 酸效应系数 $\lg\alpha_{Y(H)} = 4.65$，XO 与 Pb^{2+} 形成的配合物 $pPb_{ep} = \lg K_{PbIn} = 8.2$）；继续用 EDTA 滴至溶液颜色由紫红变为亮黄，即为滴定 Pb^{2+} 的终点。

三、 仪器和试剂

1. 仪器

酸式滴定管（50mL 1 个），移液管（25mL、20mL 各 1 个），烧杯（100mL 1 个），锥形瓶（250mL 3 个），量筒（10mL、15mL 各 1 个），容量瓶（100mL 1 个）。

2. 试剂

溶液：EDTA 标准溶液（约 $0.02mol \cdot L^{-1}$，学生自己标定），（1+1）盐酸，HNO_3（$0.1mol \cdot L^{-1}$），20%KOH，钙黄绿素指示剂，二甲酚橙溶液（0.2%的水溶液），六亚甲基四胺溶液（20%的水溶液），铅铋混合液。

固体：$CaCO_3$ 基准。

四、 实验内容

1. EDTA 标准溶液准确浓度的标定

（1）$CaCO_3$ 基准液配制　用分析天平准确称取 $CaCO_3$ 基准 0.20～0.25g（不可超过 0.25g）于烧杯中，加水 10mL，盖上玻璃表面皿，用滴管从烧杯嘴慢慢加入（1+1）盐酸溶解，加热煮沸除去 CO_2，转移入 100mL 容量瓶，加水稀释到刻度摇匀。

（2）$CaCO_3$ 基准液标定 EDTA 标准溶液　分取 $CaCO_3$ 基准液 20mL 于锥形瓶中，先加 40mL 蒸馏水稀释，然后加 20%KOH 15mL，最后加钙黄绿素指示剂 4～6 滴，在黑色背景下，用 EDTA 标准溶液滴定至荧光消失，记录 EDTA 标准溶液消耗体积。同样方法，平行测定 3 份。根据 $CaCO_3$ 标定 EDTA 定量关系，计算 EDTA 标准溶液准确浓度。

2. 混合液中 Bi^{3+} 的测定

用移液管分取 25mL 混合液于锥形瓶中，加入 10mL HNO_3、二甲酚橙溶液 2 滴，用 EDTA 标准溶液滴定至溶液颜色由紫红变为亮黄色，记录所用标液体积 V_1（mL）。

3. 混合液中 Pb^{2+} 的测定

上述溶液补加二甲酚橙溶液 1 滴，然后加入六亚甲基四胺溶液，使混合试液为稳定的紫红色，再过量 5mL，继续用 EDTA 标准溶液滴至溶液颜色由红变为亮黄色，记录所用标液 $V_总$，$V_总 - V_1$ 即为 V_2（mL）。〔说明：如果使用 25mL 酸式滴定管，需要将 EDTA 标准溶液再次补加至零刻度线，滴至溶液颜色由红色变为亮黄色，记录所用标液体积 V_2（mL）。〕

4. 计算混合液中 Pb^{2+}、Bi^{3+} 的含量

5. 再平行测定两份混合液中 Pb^{2+}、Bi^{3+} 的含量（方法同上所述）

五、思考题

（1）利用酸度控制，对两种共存金属离子进行分别滴定，要求条件是什么？

（2）滴定过程中，颜色变化是什么，分别表示什么物质状态存在？

实验 19　间接碘量法测定铜盐中的铜　◀◀◀

一、实验目的

（1）掌握碘量法测定铜盐中铜的原理和方法。
（2）掌握硫代硫酸钠标准溶液的配制与标定方法。
（3）了解淀粉指示剂的作用原理。

二、实验原理

在弱酸性条件下，Cu^{2+} 可以被 KI 还原为 CuI，同时得到一定量的 I_2，用 $Na_2S_2O_3$ 标准溶液滴定，以淀粉为指示剂，反应式为：

$$2Cu^{2+} + 5I^- \longrightarrow 2CuI \downarrow + I_3^-$$
$$2S_2O_3^{2-} + I_3^- \longrightarrow S_4O_6^{2-} + 3I^-$$

在上述反应中，KI 为 Cu^{2+} 的还原剂、沉淀剂和 I_2 的络合剂。

CuI 沉淀表面容易吸附少量 I_2，使其不与淀粉作用，使终点提前。为此应在邻近终点时加入 KSCN 或 NH_4SCN，使 CuI 沉淀转化为溶解度更小的 CuSCN，可将吸附的 I_2 放出，从而提高测定的准确度。

注：$\varphi^{\ominus}(Cu^{2+}/I^-/CuI) = 0.86V$，$\varphi^{\ominus}(Cu^{2+}/Cu^+) = 0.159V$，$\varphi^{\ominus}(I_2/I^-) = 0.5345V$。

三、仪器和试剂

1. 仪器

分析天平，台秤，酸式滴定管（50mL 1 个），锥形瓶（250mL 3 个），烧杯（50mL 1 个），量筒（50mL 1 个，10mL 1 个，5mL 2 个），玻璃棒（1 个）。

2. 试剂

溶液：KSCN（10%），H_2SO_4（$1mol \cdot L^{-1}$），（1+1）HCl，淀粉（0.5%），$Na_2S_2O_3$ 标准溶液（约 $0.1mol \cdot L^{-1}$）。

固体：KI，$K_2Cr_2O_7$ 基准，铜盐试样。

四、实验内容

1. $Na_2S_2O_3$ 标准溶液的标定

用分析天平分别准确称取 $K_2Cr_2O_7$ 基准约 0.11g 三份于三个锥形瓶中，加水 25mL

溶解。然后加入 KI 1.8g，（1+1）HCl 5mL，立即用表面皿盖好瓶口，摇匀，放暗处静置 5min。然后用 100mL H_2O 稀释，用洗瓶清洗表面皿及瓶内壁，立即用 $Na_2S_2O_3$ 溶液滴定至溶液呈红色变浅，有少量黄色出现；加入 5mL 淀粉，溶液此时呈现深蓝色，继续用 $Na_2S_2O_3$ 溶液滴定，溶液由蓝色变为亮绿色即为终点，记录所用 $Na_2S_2O_3$ 溶液体积。同样方法，平行测定 3 份。根据定量关系，计算 $Na_2S_2O_3$ 标准溶液准确浓度。

2. 配制铜盐试液

准确称取 0.4～0.5g 固体铜盐，分别置于三个锥形瓶中（注意序号），各加入 5mL 1mol·L^{-1} 的 H_2SO_4 和 100mL 蒸馏水，使其全部溶解。

3. 测定铜盐试液（平行三次）

在已完全溶解的试样溶液锥形瓶中，加入 1.2gKI 固体，立即用 $Na_2S_2O_3$ 标准溶液滴定至浅黄色，加 5mL 淀粉液，继续滴定至浅蓝色，再加 10mL 10% KSCN 液，使溶液变为较深的蓝色，继续用 $Na_2S_2O_3$ 标准溶液滴定至溶液为米色或粉白色（蓝色消失），即为终点，记下所用标液体积 V。同样方法测定三次。

4. 计算试样中 Cu 的含量

五、思考题

（1）测定铜盐中的铜时，能否在三份铜盐中同时加入 KI，然后再一份一份用标准液去滴？为什么？

（2）加入 KSCN 溶液的原因和加入的时间是什么？

实验 20　邻菲罗啉分光光度法测定水样中的铁　◄◄◄

一、实验目的

（1）掌握邻菲罗啉分光光度法测定微量铁的原理和方法。

（2）学会标准曲线的绘制方法及其使用。

二、实验原理

在 pH＝2～9 的溶液中，邻菲罗啉（也称邻二氮菲 Phen）和 Fe^{2+} 生成一种稳定的橙红色配合物 $Fe(Phen)_3^{2+}$，其 $lgK=21.3$，$\varepsilon=1.1×10^4$ L·mol^{-1}·cm^{-1}。铁含量在 0.1～6μg·mL^{-1} 范围内，遵守朗伯-比尔定律。显色前，用盐酸羟胺或抗坏血酸将 Fe^{3+} 完全还原为 Fe^{2+}，再加邻菲罗啉，调节溶液酸度 pH 约等于 5 为适宜显色范围。

$$Fe^{2+} + 3Phen \Longrightarrow Fe(Phen)_3^{2+}$$

$$2Fe^{3+} + 2NH_2OH \cdot HCl \Longrightarrow 2Fe^{2+} + N_2\uparrow + 2H_2O + 4H^+ + 2Cl^-$$

三、仪器和试剂

1. 仪器

722S 型分光光度计，pH 计（酸度测定），滴定管（酸式、碱式 10mL 各 1 个），吸量管（1mL 1 个，3mL 1 个），比色管（50mL 12 个），移液管（5mL 1 个，10mL 2 个），比色皿（1cm 2 个），烧杯（500mL 1 个）。

2. 试剂

铁标准溶液（$50\mu g \cdot mL^{-1}$），邻菲罗啉（0.12%），盐酸羟胺（10%），HAc-NaAc 缓冲溶液，NaOH 溶液（$0.4mol \cdot L^{-1}$），铁试样溶液。

四、实验内容

1. 铁标准曲线

取 6 个已编号的 50mL 比色管，用 10mL 酸式滴定管依次向各比色管中加入铁标准溶液 0、1.00mL、2.00mL、3.00mL、4.00mL、5.00mL，再分别加 1mL 盐酸羟胺，摇匀；2min 后，加 5mL 缓冲溶液，3mL 邻菲罗啉，然后用蒸馏水稀释至刻度，摇匀。以蒸馏水为参比溶液，在分光光度计 510nm 波长处测量各溶液的吸光度 A。

以铁含量为横坐标，吸光度 A 为纵坐标，绘制铁的标准吸收曲线。

2. 条件实验

（1）最佳波长吸收曲线　从标准曲线六个比色管中分取 3mL 铁标准溶液的比色管，以蒸馏水为参比溶液，在分光光度计上，分别测 470～550nm 下，每隔 10nm 测一次吸光度 A。以波长为横坐标，A 为纵坐标，绘制吸收曲线，从而选择测定铁的适宜吸收波长。

（2）显色剂用量的确定　用酸式滴定管分别取 4mL $50\mu g \cdot mL^{-1}$ 的铁标准溶液于 5 个 50mL 比色管（已编号）中，加入 1mL 盐酸羟胺，摇匀；2min 后，各加 5mL 缓冲溶液，然后分别用吸量管准确加入邻菲罗啉 1.00mL、2.00mL、3.00mL、4.00mL、5.00mL，用蒸馏水稀释至刻度，摇匀。以蒸馏水为参比溶液，在分光光度计上，510nm 波长处，测各溶液吸光度 A。以显色剂加入量为横坐标，吸光度 A 为纵坐标，绘制吸收曲线，从而选择测定铁的适宜显色剂加入量。

（3）酸度条件（可选作）　用酸式滴定管分别分取 5mL $50\mu g \cdot mL^{-1}$ 的铁标准溶液于 6 个 50mL 比色管（已编号）中，加入 1mL 盐酸羟胺，摇匀；2min 后，加 3mL 邻菲罗啉，用碱式滴定管依次向各比色管加 $0.4mol \cdot L^{-1}$NaOH 溶液 0、2.0mL、4.0mL、5.0mL、7.0mL、9.0mL，用蒸馏水稀释至刻度，摇匀。

用 pH 计测各溶液 pH 值。再用分光光度计，选 510nm 波长，测各溶液 A。以 pH 值为横坐标，A 为纵坐标，绘制吸收曲线，从而选择测定铁的适宜酸度条件。

（4）试样溶液铁含量测定　用移液管分取 20mL 铁试样溶液于 50mL 比色管中，按照步骤 1 铁的标准曲线制作方法中加入试剂的顺序，对试样显色并测定吸光度 A。从铁标准吸收曲线上查出铁的含量，并计算原试液铁的含量。

五、注意事项

（1）分光光度计正确操作。

（2）比色皿的洗涤与正确使用。

（3）工作曲线制作时，比色管的序号准确，加入试剂的次序（还原，调酸，显色，定容）和用量要正确。

六、思考题

（1）比色皿使用应注意哪些方面？

（2）实验中盐酸羟胺、邻菲罗啉分别起什么作用？两种试剂加入顺序是否可以互换？

（3）为什么选择最大吸收处波长作为实际用工作波长？

实验 21　可溶性氯化物中氯含量的测定（设计实验）　◂◂◂

提示：

根据沉淀滴定的基本原理，利用银量滴定典型的摩尔法，对未知氯化物溶液进行氯含量测定。

设计要求：

（1）依据课堂所学内容，独立查找相关资料，设计实验报告，报告内容应包括：实验原理、所用仪器、试剂（浓度、级别）、实验内容（包括称基准物样品质量、溶液分取、指示剂、滴定终点判断等）以及注意事项。上课前，须经教师检查后，方可进行实际实验操作。

（2）设计报告实验内容应包括：

① 标准溶液（约 $0.1mol \cdot L^{-1}$ $AgNO_3$）标定　标定 $AgNO_3$ 溶液所用基准物及取样量，指示剂种类和用量，溶液酸度的控制方法。其中滴定剂消耗体积按照大约 20mL 计算；分取基准物溶液三份，每份 25.00mL。

② 对未知可溶性氯化物（含 1% 氯样品，称样量、溶解定容体积需要写明）氯含量进行测定的方法。

（3）正式上交报告中，除了含有实验原理、实验内容、注意事项的简述外，还应包括数据记录、处理表格和对实验结果的分析讨论。

实验 22　表面活性剂临界胶束浓度 CMC 的测定　◀◀◀

一、实验目的

（1）了解胶束形成的原理。

（2）用电导法测定离子型表面活性剂的临界胶束浓度。

二、实验原理

表面活性剂溶液具有某些不一般的物化性质。当溶液浓度很稀时，它的性质与一般溶液相同；当浓度增大到一定数值时，某些物化性质如表面张力、渗透压、电导、增溶作用、去污能力等，都发生突然的变化。表面张力、渗透压及去污能力不再随浓度增加而改变，但增溶作用、电导率却随浓度的增加而急剧增加（图 2-22-1）。Mcbain指出：这些不规则的变化，主要原因是溶液中的表面活性剂分子，聚集在一起形成了胶束。这些物化性质的突变，发生在一个很窄的浓度范围，习惯上称此很窄的浓度范围为临界胶束浓度，简称 CMC。

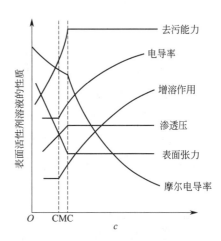

图 2-22-1　表面活性剂溶液的性质与浓度关系示意图

表面活性剂具有 CMC 值是其结构特征的反映。众所周知，表面活性剂分子具有两亲结构，即既有疏水基团又有亲水基团。当它溶于极性很强的水中时，分子中的一部分可溶于水，而另一部分有自水中"逃离"的趋势。当表面活性剂的浓度较小时，这种双重性质主要促使分子定向排列于液体表面，即产生溶液表面的吸附现象。当溶液表面吸附饱和后，进一步增加表面活性剂的浓度，这种双重性质便会促使表面活性剂分子自相缔合，即疏水基团相互靠拢，亲水基团却与水相接触。这种缔合体即为胶束（图 2-22-2）。

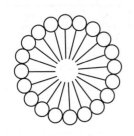

疏水基团　　亲水基团

图 2-22-2　表面活性剂胶束

不同的表面活性剂具有不同的疏水基团和亲水基团，因而 CMC 值也不相同。胶束溶液的许多重要性质，如增溶作用，必须浓度大于 CMC 值始能发生。因此测定表面活性剂的 CMC 值，实属必要。

测定 CMC 值的方法很多，原则上一般的溶液性质如冰点、渗透压、溶解度都可以用于 CMC 值的测定。也可采用光学的方法如光散射法、吸收光谱法进行测定。从表面活性剂浓度与表面张力曲线确定 CMC 值，更是常用的经典方法。本实验采用最简便的电导法，测定十二烷基苯磺酸钠的 CMC 值。

三、仪器和试剂

1. 仪器

DDS-6700 型电导率仪，烧杯（50mL 3 个，250mL 2 个），容量瓶（50mL 20 个，250mL 1 个），酸式滴定管（10mL 2 支），洗瓶（1 个）。

2. 试剂

十二烷基苯磺酸钠溶液（$0.0500 \text{mol} \cdot \text{L}^{-1}$）。

四、实验内容

（1）称量十二烷基苯磺酸钠，加水溶解后，转入 250mL 容量瓶中，并稀释至刻度配制成浓度为 $0.0500 \text{mol} \cdot \text{L}^{-1}$ 溶液。贮存备用。

（2）用滴定管量取不同体积（见表 2-22-1）的 $0.0500 \text{mol} \cdot \text{L}^{-1}$ 十二烷基苯磺酸钠溶液，分别置于 20 个 50mL 容量瓶中，用水稀释至刻度，摇匀，配制成不同浓度的十二烷基苯磺酸钠待测溶液。

（3）按浓度由低到高的次序，测定各待测溶液的电导率（DDS-6700 型电导率仪）。每次换溶液时，必须用待测液洗铂黑电极及玻璃烧杯三次。注入待测液，进行测定。至少需读数三次，数据填入表 2-22-1。

表 2-22-1　实验记录表

编　号		1	2	3	4	5	6	7	8	9	10
原溶液体积/mL		0.20	0.40	0.500	0.6	0.70	0.80	0.90	1.00	1.10	1.20
$c/\text{mol} \cdot \text{L}^{-1}$											
电导率 /S·m^{-1}	1										
	2										
	3										
	平均										
编　号		11	12	13	14	15	16	17	18	19	20
原溶液体积/mL		1.50	1.80	2.00	2.50	2.80	3.00	3.50	4.00	4.50	5.00
$c/\text{mol} \cdot \text{L}^{-1}$											
电导率 /S·m^{-1}	1										
	2										
	3										
	平均										

五、数据处理

（1）按表 2-22-1 列出实验数据。

（2）以电导率对浓度作图，绘制电导率随浓度而变的曲线，沿低浓度及高浓度的直线部分，作二直线外延，与其交点相对应的浓度，即 CMC 值。

六、注意事项

（1）溶液配制时注意酸式滴定管的使用。
（2）电导率仪的使用要注意。每次测量后用滤纸吸干电极上的溶液。
（3）测量时由低浓度到高浓度进行测定。

七、思考题

（1）试解释表面活性剂溶液的表面张力、电导、渗透压等性质，为什么在 CMC 处产生突然变化？
（2）若表面活性剂为脂肪醇聚氧乙烯醚，能否采用电导法测定其 CMC 值？

实验 23　固体自溶液中的吸附　◀◀◀

一、实验目的

（1）了解固体自溶液中的吸附作用。
（2）测定活性炭-醋酸溶液吸附的饱和吸附量，计算活性炭的比表面积。
（3）验证弗罗因德利希（Freundlich）和兰谬尔（Langmuir）公式。

二、实验原理

固体表面的分子，由于所受引力的不平衡，存在表面自由能。常常通过吸附气体或溶质，以降低系统的能量。这种气体分子或溶质分子在固体表面富集的现象，即为固体的吸附作用。固体自溶液中的吸附比较复杂。因为系统中至少包含三种成分：即固体（吸附剂）、溶质与溶剂。固体不仅可以吸附溶质，还可以吸附溶剂。溶质吸附量的大小，还与其溶解度有关。实际上存在三者之间的相互作用。从一般规律而言，极性物质易吸附于极性吸附剂，非极性物质易被非极性吸附剂吸附；溶质的溶解度越大越不易吸附，反之亦然。

在稀溶液中，假设溶剂的吸附可以忽略，则溶质的吸附量，可用下式计算：

$$\Gamma = \frac{(c_0 - c)V}{m} \tag{2-23-1}$$

式中，Γ 为吸附量，通常指每克吸附剂上吸附物的物质的量，$mol \cdot g^{-1}$，c_0、c 分别表示吸附前后溶液的浓度，$mol \cdot L^{-1}$；V 为溶液的体积，L；m 为吸附剂的质量，g。

当温度一定时，描述固体自溶液中的吸附，通常可用 Freundlich 公式和 Langmuir 方程。Freundlich 公式为经验公式。Langmuir 方程却是从气体在固体上的吸附作用引来。实践证明,许多固体自溶液中的吸附作用,符合 Langmuir 方程。

Freundlich 经验公式表述如下:

$$\Gamma = kc^{\frac{1}{n}} \tag{2-23-2}$$

式中,c 为吸附平衡时溶液的浓度;Γ 为与浓度 c 相应的吸附量;k 与 n 是与系统有关的常数。式(2-23-2) 可以写成直线式:

$$\lg\Gamma = \lg k + \frac{1}{n}\lg c \tag{2-23-3}$$

显然,以 $\lg\Gamma$ 对 $\lg c$ 作图应为直线。从直线的斜率及截距,可以求出经验常数 k 及 n。然后根据式(2-23-2),可以求算在任一平衡浓度时的吸附量。

Langmuir 方程如下:

$$\Gamma = \Gamma_\infty \frac{bc}{1+bc} \tag{2-23-4}$$

式中,c 亦为吸附平衡时的浓度;Γ 为与平衡浓度相应的吸附量;Γ_∞ 为饱和吸附量,即吸附剂上吸附了一单分子层溶质时的吸附量;对于一定系统,b 为常数。式(2-23-4) 也可以写直线式:

$$\frac{c}{\Gamma} = \frac{1}{\Gamma_\infty b} + \frac{1}{\Gamma_\infty}c \tag{2-23-5}$$

以 c/Γ 对 c 作图,亦为一直线。根据直线的斜率和截距,可以求出 Γ_∞ 和 b。若已知溶质分子的截面积 a_0,便可以根据下式计算吸附剂的比表面 S_0。

$$S_0 = \Gamma_\infty N_A a_0 \tag{2-23-6}$$

式中,Γ_∞ 的单位为 $mol \cdot g^{-1}$;N_A 为阿伏加德罗常数。一般脂肪酸的分子截面积为 $0.24nm^2$。

吸附剂一般都是多孔性物质,吸附量的多少与溶质分子的大小直接相关。因此,同一吸附剂的比表面,常因采用不同的吸附物而异。

三、仪器和试剂

1. 仪器

恒温振荡器,天平(1mg),具塞锥形瓶(150mL 6 个),锥形瓶(150mL 3 个),漏斗(6 支),烧杯(100mL 6 个),碱式滴定管(50mL 1 支),称量瓶 1 个,移液管(25mL、50mL、100mL 各 2 支),移液管(10mL、20mL 各 1 支),容量瓶(250mL 2 个)。

2. 试剂

$0.1mol \cdot L^{-1}$ NaOH 标准溶液,浓醋酸,活性炭,酚酞指示剂。

四、实验内容

(1) 用量筒量取 5.7mL 冰醋酸稀释到 250mL(浓度约 $0.4mol \cdot L^{-1}$),并用此溶液

配制浓度约为 $0.04 mol \cdot L^{-1}$ 的醋酸溶液。用 NaOH 标准溶液准确标定 $0.04 mol \cdot L^{-1}$、$0.4 mol \cdot L^{-1}$ 醋酸溶液的浓度，并计算所配制的各醋酸溶液的浓度 c_0，数据列于表 2-23-1 中。

表 2-23-1　实验数据记录表（一）

NaOH 浓度/mol · L⁻¹						
分取 HAc 粗浓度/mol · L⁻¹		0.04			0.4	
分取体积/mL	20	20	20	10	10	10
消耗 NaOH 体积/mL						
所标定 HAc 浓度/mol · L⁻¹						

（2）取六个已编号的洁净干燥的磨口锥形瓶，每瓶内称取活性炭约 1g，按表 2-23-2 配制不同浓度的 HAc 溶液。数据列于表 2-23-2 中。

表 2-23-2　实验数据记录表（二）

编　号	1	2	3	4	5	6
活性炭质量/g						
0.4mol · L⁻¹ HAc/mL	0	0	0	25	50	100
0.04mol · L⁻¹ HAc/mL	25	50	100	0	0	0
V(H₂O)/mL	75	50	0	75	50	0
c_0						
NaOH 浓度/mol · L⁻¹						
消耗 NaOH 体积/mL						
c						
lg$c$						
Γ						
lgΓ						

（3）将各锥形瓶瓶口用橡皮筋束紧，置于 (25 ± 0.2)℃恒温振荡器中振荡 1h，以达到吸附平衡。分别用干燥的漏斗过滤，滤液收集在相应编号的干燥的烧杯中待用。

（4）分别于 1#、2# 烧杯中取 40mL 溶液，3#、4# 烧杯中取 20mL 溶液，5#、6# 烧杯中取 10mL 溶液，用 NaOH 标准溶液分别滴定，计算平衡浓度 c，列于表 2-23-2 中。

五、数据处理

（1）根据表中的数据，按式(2-23-1)计算不同浓度醋酸溶液的吸附量。

（2）作 Γ-c 吸附等温线。

（3）以 lgΓ 对 lg$c$ 作图，求常数 k 及 n。

（4）以 c/Γ_{∞} 对 c 作图，求 Γ_{∞}。并根据式(2-23-6)计算活性炭的比表面积。

以上计算可在计算机上进行。

六、注意事项

(1) 6 个带塞锥形瓶与小烧杯需干燥。

(2) 漏斗需干燥，放滤纸时，不用水润湿。

(3) 锥形瓶及烧杯顺序不要倒号。

七、思考题

(1) 对比 Freundlich 公式及 Langmuir 方程的优缺点。

(2) 讨论溶液浓度对吸附的影响。

(3) 总结本实验中产生误差的主要因素。

实验 24　双液系的汽液平衡相图 ◀◀◀

一、 实验目的

(1) 学习利用沸点仪测定环己烷-乙醇双液系的汽液平衡相图。

(2) 了解溶液沸点的测定方法。

(3) 学习利用阿贝折光仪测定溶液和蒸气的组成的原理和方法。

二、 实验原理

1. 双液系相图

两种在常温时为液态的物质混合起来而成的二组分体系称为双液系。两种液体若能按任意比例互相溶解，称完全互溶双液系；若只能在一定比例范围内互相溶解，则称部分互溶双液系。例如，环己烷-乙醇双液系、乙醇-水双液系都是完全互溶双液系，环己烷-水双液系则是部分互溶双液系。

液体的沸点是指液体的蒸气压和外界的大气压力相等时的温度。在一定的外压下，纯液体的沸点有确定的值。但对于双液系，沸点不仅与外压有关，而且还和双液系的组成有关，即和双液系中两种液体的相对含量有关。

双液系在蒸馏时的另一个特点是：在一般情况下，双液系蒸馏时的气相组成和液相组成并不相同。因此原则上有可能用反复蒸馏的方法，使双液系中的两种液体互相分离。

有时不能用单纯蒸馏双液系的办法使两种液体分离。例如，工业上制备无水乙醇，不能用单纯蒸馏含水酒精的方法获得无水乙醇，因为水和乙醇在一定比例时发生共沸（或称恒沸），需要先用石灰处理或先加入少量环己烷，使其形成三元体系，再进行蒸馏。因此，了解双液系在蒸馏过程中沸点及液相、气相组成的变动情况，对工业上进行双液系液体分离颇为重要。

通常用几何作图的方法将双液系的沸点对其气相、液相组成作图，所得图形称双液系相图。双液系相图表明了在不同温度下液相组成和与之成平衡的气相组成的关系。

图 2-24-1 是一种最简单的完全互溶双液系相图。图中纵轴是温度（沸点）t，横轴是液体 B 的摩尔分数 x_B，下方的曲线是液相线，上方的曲线是气相线。对应于同一沸点温度的二曲线上的两个点，就是互相成平衡的气相点和液相点。例如图中对应于温度 t_1 的气相点为 v，液相点为 l，这时的气相组成就是 v 点的横轴读数 $x_B(v)$，液相组成是 l 点的横轴读数 $x_B(l)$。可见，具有这种类型相图的双液系可以用单纯蒸馏的方法使二液体分离，因为从图中可以看出：$x_B(v)$ 恒小于 $x_B(l)$，所以气相中，A 的含量恒大于液相中 A 的含量，将这气相与液相分离后，冷凝下来，再重新蒸馏，所得到的气相含 A 将更多，如此重复蒸馏，就可达分离的目的。

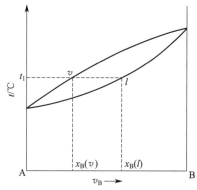

图 2-24-1　完全互溶双液体系的一种蒸馏相图

图 2-24-2 是另一种典型的完全互溶双液系相图，图中所注符号意义与图 2-24-1 相同。这两种相图的特点是出现极值（极小值或极大值），因此就不能用单纯蒸馏的方法将 A 和 B 完全分开。有极小值的实例有环己烷-乙醇双液系、乙醇-水双液系；有极大值的实例有盐酸-水双液系。相图中出现极值的那一点的温度称为恒沸点，因为具有该点组成的双液系在蒸馏时气相组成和液相组成完全一样，在整个蒸馏过程中的沸点也恒定不变。对应于恒沸点的组成的溶液称为恒沸混合物。外界压力不同时，同一双液系的相图也不尽相同，所以恒沸点和恒沸混合物的组成还和外压有关。通常压力变化不大时，恒沸点和恒沸混合物组成的变动也不大。在未注明压力时，一般系指外压为 1atm（101325Pa）时的值。

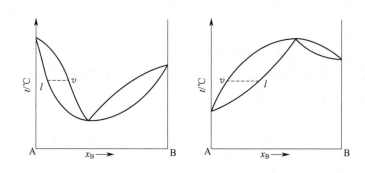

图 2-24-2　具有恒沸点的完全互溶双液体系相图

2. 沸点仪及使用方法

绘制这类相图时，要求同时测定溶液的沸点及汽液平衡时两相的组成。本实验用回流冷凝法测定环己烷、乙醇溶液在不同组成时的沸点。沸点的定义虽简单明确，沸点的测定却颇不易，原因在于沸腾时常易发生过热现象，而在气相中又易出现分馏效应。实际所用沸点仪的种类很多，基本设计思想是防止过热现象与分馏效应等主要引起误差的因素发生作用。

图 2-24-3 是本实验所用沸点仪装置示意图。沸点仪包括一只带有回流冷凝管的长颈圆底烧瓶，冷凝管底部有一球形小刀室，用以收集冷凝下来的气相样品，液相样品则通过烧瓶上的支管抽取。烧瓶中有一根电热丝，直接浸在溶液中加热溶液，这样可以减少溶液沸腾时的过热现象，同时还防止了暴沸。温度计是一只精密数字温度计，直接浸在液面以下。

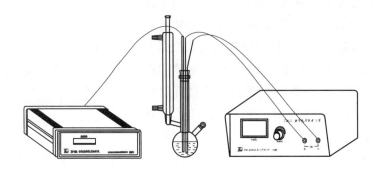

图 2-24-3　沸点仪装置示意图

若要分析平衡时气相和液相的组成，就必须正确取得气相和液相样品。沸点仪中蒸气的分馏作用会影响气相的平衡组成，使取得的气相样品的组成与气液平衡时气相的组成产生偏差，因此要减少气相的分馏作用。本实验中所用沸点仪是将平衡的蒸气凝聚在小球内，在容器中的溶液不会溅入小球的前提下，尽量缩短小球与原溶液的距离，就可达此目的。

溶液的组成用物理方法分析，因为环己烷和乙醇的折射率相差较大，且折射率法所需样品量较少，对本实验方法适用。

折射率是物质的一个特征数值。溶液的折射率与组成有关，因此测定一系列已知浓度的溶液折射率，做出在一定温度下该溶液的折射率-组成工作曲线，就可按内插法得到这种未知溶液的组成。

ZR-F 双液系沸点实验装置使用说明：

（1）装置组成　ZR-F 双液系沸点实验装置由 ZT-2T_A 精密数字温度计、蒸馏器、ZD-2I 精密数字稳流电源、加热金属丝组成。

（2）装置特点　ZT-2T_A 精密数字温度计液晶显示，读数直观、准确。ZD-2I 精密数字稳流电源，消除了负载导线电阻对电压显示的影响。对电路的电压限幅，使实验更加安全、可靠。

（3）各项技术指标

输入电压　　　　　$220 \times (1 \pm 10\%) \text{VAC}$

环境温度　　　　　$-10 \sim 40 ℃$

温度分辨率　　　　$0.1 ℃$

温度测量范围　　　$-50 \sim 150 ℃$

传感器类型　　　　Pt100

输出电流	$0 \sim 2A$ 可调
分辨率	$0.01A$
稳定率	$\pm 0.05A$

（4）ZT-2T$_A$ 精密数字温度计　用来测量蒸馏器内液体的温度，随着内部液体被加热温度逐渐升高，当温度升至一定高度将会保持恒定不变，此时的温度读数即为液体的沸点数值。

（5）ZD-2I 精密数字稳流电源　用以加热金属丝提供恒定工作电源，最大工作电流不超过 2A。

（6）蒸馏器　为一带回流冷凝管的长颈烧瓶，上部大口为温度计传感器和加热丝插入烧瓶的通道入口，圆形底部右侧的小开口为实验开始时加热样品的入口以及混合液体沸腾实验完毕后分析液相组成的取样出口。蒸馏器的左半部分为冷凝管和气相组成取样口，其中，上端开口为沸腾实验完毕后长吸管吸取底部袋状气相冷凝液体的出入口；底部的袋状凹面的作用是用来储存气相组成冷凝后的液体，另外，将蒸馏器倾斜，袋状凹面内的冷凝液体还可以流回烧瓶，这样在双液系实验中可以加速达到沸腾双液系的平衡。

3. 环己烷-己醇溶液折射率-组成工作曲线测定方法

测定环己烷-乙醇溶液的折射率-组成工作曲线包括下列三个步骤：

（1）配制溶液　取清洁而干燥的称量瓶，用称量法配制环己烷的质量分数为 10％、15％、40％、55％、70％、85％（准确至 0.5％）的乙醇溶液各 5mL 左右，配制与称量时，要防止样品挥发，质量要用分析天平准确称取。

（2）测定折射率　用阿贝折光仪分别测量环己烷、乙醇及上面配制各溶液的折射率。

（3）将精确配制的环己烷-乙醇溶液的组成及测得相应溶液的折射率（n_D^t）作图，即得折射率-组成工作曲线。

物质的折射率与温度有关，大多数液态有机化合物折射率的温度系数大约为 -0.0004，因此在测定时应将温度控制在指定值的 $\pm 0.2℃$ 范围内，才能将这些液体样品的折射率测准至小数点后 4 位。对挥发性溶液或易吸水样品，加样品时动作要迅速，以防止挥发或吸水，影响折射率的测定结果。

三、仪器和试剂

1. 仪器

ZR-F 双液系沸点实验装置，阿贝折光仪，取样瓶（1 个），量筒（1 个），吸量管（1 个），滴管（1 个）。

2. 试剂

环己烷（分析纯），无水乙醇（分析纯）。

四、实验内容

1. 安装沸点仪

将干燥的沸点仪如图 2-24-3 安装好。

2. 测定沸点（环己烷中加入乙醇）

（1）用量筒自支管加入 20mL 环己烷，其溶液面应在水银球的中部。打开冷凝水，接通电源，用调压变压器将液体缓缓加热。液体沸腾后，使蒸气能在冷凝管中凝聚。但蒸气在冷凝管中回流的高度不宜太高，以 2cm 较合适（调节冷凝管中冷却水的流量）。如此沸腾一段时间，使冷凝液不断淋洗小球中的液体，直至 ZT-2TA 精密数字温度计液晶显示的温度恒定，记录读数。

（2）取样：切断电源，停止加热。用一支细长的干燥滴管，自冷凝管口伸入小球，吸取其中全部冷凝液，立即用阿贝折光仪测定平衡时的气相样品的折射率。用干燥滴管自支管吸取容器内的溶液约 1mL 放入取样瓶中，立即盖好塞子，以防挥发。冷却后，用阿贝折光仪测定平衡时的液相样品的折射率。在样品的转移过程中动作要迅速而仔细，并应尽早测定样品的折射率，不宜久藏。测定折射率，每次加样测量以前，必须先将折光仪的棱镜面洗净，洗耳球吹干。阿贝折光仪在使用完毕后也必须将镜面处理干净。

（3）按上述步骤，分别测定环己烷中累计加入 2mL、2mL、3mL、4mL、5mL、5mL、6mL、7mL 乙醇的沸点，以及各溶液的沸点和平衡时气相和液相的组成。

由实验数据（温度暂时不必校正）绘制沸点-组成草图。当沸点仪内的溶液冷却后，将该溶液自支管倒向指定的储液瓶。

3. 测定沸点（乙醇中加入环己烷）

（1）用量筒自支管加入 20mL 乙醇，打开冷凝水，接通电源，将液体缓缓加热。液体沸腾后，使蒸气能在冷凝管中凝聚。但蒸气在冷凝管中回流的高度不宜太高，以 2cm 较合适（调节冷凝管中冷却水的流量）。如此沸腾一段时间，使冷凝液不断淋洗小球中的液体。记录温度计的读数。

（2）取样：切断电源，停止加热。用一支细长的干燥滴管自冷凝管口伸入小球，吸取其中全部冷凝液，立即用阿贝折光仪测定平衡时的气相样品的折射率。用干燥滴管自支管吸取容器内的溶液约 1mL 放入取样瓶中，立即盖好塞子，以防挥发。冷却后，用阿贝折光仪测定平衡时的液相样品的折射率。在样品的转移过程中动作要迅速而仔细，并应尽早测定样品的折射率，不宜久藏。

测定折射率，每次加样测量以前，必须先将折光仪的棱镜面洗净，洗耳球吹干。阿贝折光仪在使用完毕后也必须将镜面处理干净。

（3）按上述步骤，分别测定乙醇中累计加入 1mL、2mL、3mL、5mL、5mL 环己烷的沸点，以及各溶液的沸点和平衡时气相和液相的组成。

由实验数据（温度暂时不必校正）绘制沸点-组成草图。当沸点仪内的溶液冷却后，将该溶液自支管 L 倒向指定的储液瓶。

五、数据记录及处理

（1）测定气相和液相样品的折射率，从折射率对组成的工作曲线计算相应组成。根据绘制标准工作曲线法，以乙醇的质量分数 w 为横坐标，折射率 n_D 为纵坐标（数据见

表 2-24-1）作图得出直线方程。

表 2-24-1　标准工作曲线

w（乙醇）/%	0	4.23	9.69	11.63	23.25	32.92
n_D	1.4253	1.4215	1.4171	1.4136	1.4060	1.4000
w（乙醇）/%	45.00	56.13	67.21	78.12	89.12	100
n_D	1.3919	1.3849	1.3783	1.3712	1.3659	1.3622

$$Y = -0.0006x + 1.4224 \qquad R^2 = 0.9925$$

表 2-24-2　环己烷中加入乙醇数据表

乙醇加入量/mL	0	0.5	0.5	0.5	1	2	2
沸点/℃							
气相折射率							
气相乙醇含量/%							
液相折射率							
液相乙醇含量/%							

表 2-24-3　乙醇中加入环己烷数据表

环己烷加入量/mL	0	1	1	2	2	3	5	6	7
沸点/℃									
气相折射率									
气相乙醇含量/%									
液相折射率									
液相乙醇含量/%									

（2）根据工作曲线计算的溶液组成及沸点（数据见表 2-24-2、表 2-24-3），绘制环己烷-乙醇的汽液平衡相图（或称蒸馏相图）。由相图确定最低恒沸点及恒沸混合物的组成。

六、注意事项

（1）温度恒定后再取液相进行折射率的测定。
（2）每次取液量要少，不要过多。
（3）安装仪器时要轻拿轻放，以免打坏玻璃仪器。
（4）每测一次折射率后要用洗耳球吹干阿贝折光仪。

七、思考题

根据测绘的双液系相图，讨论环己烷-乙醇溶液蒸馏时的分离情况。

一、实验目的

（1）测定乙酸乙酯的皂化反应速率常数。

（2）了解二级反应的特点，学会用图解计算法求出二级反应的反应速率常数。

（3）熟悉电导仪的使用。

二、实验原理

乙酸乙酯皂化，是双分子反应，其反应式为：

$$CH_3COOC_2H_5 + Na^+ + OH^- \longrightarrow CH_3COO^- + Na^+ + C_2H_5OH$$

在反应过程中，各物质的浓度随时间而改变，不同反应时间的 OH^- 的浓度，可以用标准酸进行滴定求得，也可以通过间接测量溶液的电导率而求出。为了处理方便起见，在设计这个实验时将反应物 $CH_3COOC_2H_5$ 和 NaOH 采用相同的浓度 c 作为起始浓度。设反应时间为 t 时，反应所生成的 CH_3COO^- 和 C_2H_5OH 的浓度为 x，那么，$CH_3COOC_2H_5$ 和 NaOH 的浓度则为 $(c-x)$，即

$$CH_3COOC_2H_5 + NaOH \longrightarrow CH_3COONa + C_2H_5OH$$

$t=0$ 时	c	c	0	0
$t=t$ 时	$c-x$	$c-x$	x	x
$t \to \infty$ 时	0	0	$x \to c$	$x \to c$

因是双分子反应，所以时间为 t 的反应速率和反应物浓度的关系为

$$\frac{\mathrm{d}x}{\mathrm{d}t} = k(c-x)(c-x) \tag{2-25-1}$$

式中，k 为反应速率常数。将上式积分可得：

$$kt = \frac{x}{c(c-x)} \tag{2-25-2}$$

从式（2-25-2）中可看出，原始浓度 c 是已知的，只要测出 t 时的 x 值，就可算出反应速率常数 k 值。首先假定整个反应体系是在稀释的水溶液中进行的，因此可以认为 CH_3COONa 是全部电离的，在本实验中用测量溶液的电导率来求算 x 值的变化。参与导电的离子有 Na^+、OH^- 和 CH_3COO^-，而 Na^+ 在反应前后浓度不变，OH^- 的迁移率比 CH_3COO^- 的迁移率大得多。随着时间的增加，OH^- 不断减少，CH_3COO^- 不断增加，所以，体系的电导率值不断下降。

显然，体系电导率值的减少量和 CH_3COONa 的浓度 x 的增大成正比，即：

$t=t$ 时 $\qquad\qquad\qquad x = K(L_0 - L_t)$ $\qquad\qquad$ (2-25-3)

当 $t \to \infty$ 时 $\hspace{4cm} c = K(L_0 - L_\infty) \hspace{4cm}$ (2-25-4)

式中，L_0 为起始时的电导率；L_t 为 t 时的电导率；L_∞ 为 $t \to \infty$，即反应终了时的电导率；K 为比例常数。

将式(2-25-3)、式(2-25-4)代入式(2-25-2)得

$$kt = \frac{K(L_0 - L_t)}{cK[(L_0 - L_\infty) - (L_0 - L_t)]} = \frac{L_0 - L_t}{c(L_t - L_\infty)}$$

或可写成

$$\frac{L_0 - L_t}{L_t - L_\infty} = ckt \hspace{4cm} (2\text{-}25\text{-}5)$$

从直线方程式(2-25-5)可知，只要测定了 L_0、L_∞ 以及一组 L_t 值以后，利用 $(L_0 - L_t)/(L_t - L_\infty)$ 对 t 作图，应得一直线，直线的斜率就是反应速率常数 k 值和原始浓度 c 的乘积。k 的单位为 $\text{min}^{-1} \cdot \text{mol}^{-1} \cdot \text{dm}^3$。

三、 仪器和试剂

1. 仪器

量筒（25mL 2个），烧杯（250mL 1个，100mL 1个），吸量管（10mL 2个），电导仪（1架），电导池（1支）。

2. 试剂

$0.0200\text{mol} \cdot \text{L}^{-1}$ NaOH（新鲜配制），$0.0100\text{mol} \cdot \text{L}^{-1}$ NaAc（新鲜配制），$0.0100\text{mol} \cdot \text{L}^{-1}$ NaOH（新鲜配制），$0.0200\text{mol} \cdot \text{L}^{-1}$ $CH_3COOC_2H_5$（新鲜配制）。

四、实验内容

1. 电导仪的调节

电导仪的原理和使用方法，可参阅相关参考文献。

2. L_∞ 和 L_0 的测量

用 $0.0100\text{mol} \cdot \text{L}^{-1}$ 的 CH_3COONa 装入干净（已润洗）的电导池的 A 支管中（如图 2-25-1 所示），液面约高出铂黑片 1cm 为宜。接通电导仪，测定其电导，即为 L_∞。按上述操作，测定 $0.0100\text{mol} \cdot \text{L}^{-1}$ 的 NaOH 溶液的电导率为 L_0。

注意每次往电导池中装新样品时，都要先用蒸馏水淋洗电导池及铂黑电极，接着用所测液体淋洗。

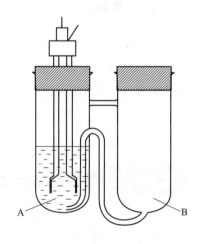

图 2-25-1 电导池

3. L_t 的测量

将电导池的铂黑电极浸于一盛有蒸馏水的小烧瓶中，洗净，并用乙醇润洗，洗耳球吹

干。再将电导池用乙醇润洗，吹干。用移液管移取 10mL 0.0200mol·L^{-1}NaOH 溶液注入电导池的 A 支管中，用另一移液管移取 10mL 0.0200mol·L^{-1}CH$_3$COOC$_2$H$_5$ 注入 A 支管中，快速插入铂黑电极，计时，读数。轻轻摇动电导池使溶液混匀。每隔 5min 测量一次，30min 后，每隔 10min 测量一次，反应进行到 1h 后可停止测量。

反应结束后，倾去反应液，电导池用蒸馏水洗，将铂黑电极浸入蒸馏水中。

五、 数据处理

（1）温度（℃）： $L_0/S·m^{-1}=$ $L_\infty/S·m^{-1}=$

（2）将 t、L_t、L_0-L_t、L_t-L_∞、$\dfrac{L_0-L_t}{L_t-L_\infty}$ 列成数据表 2-25-1。

表 2-25-1 数据记录表

t/min	5	10	15	20	25	30	40	50	60
$L_t/S·m^{-1}$									
$L_0-L_t/S·m^{-1}$									
$L_t-L_\infty/S·m^{-1}$									
$\dfrac{L_0-L_t}{L_t-L_\infty}$									

（3）以 $\dfrac{L_0-L_t}{L_t-L_\infty}$ 对 t 作图，得一直线。由直线的斜率算出反应速率常数 k。

（4）直线方程式： $k/\ min^{-1}·mol^{-1}·dm^3=$

六、 思考题

（1）如果 NaOH 和 CH$_3$COOC$_2$H$_5$ 起始浓度不相等，试问应怎样计算 k 值？

（2）为什么以 0.01mol·L^{-1} 的 NaOH 和 0.01mol·L^{-1} 的 CH$_3$COONa 溶液测其电导率就可以认为是 L_0 和 L_∞？

实验 26 蒸馏和沸点的测定 ◀◀◀

一、实验目的

（1）掌握蒸馏提纯的方法。

（2）了解测定沸点的方法和意义。

（3）掌握常量法（即蒸馏法）及微量法测定沸点的原理和方法。

二、实验原理

1. 沸点的意义

当液态物质受热时，由于分子运动使其从液体表面逃逸出来，形成蒸气压，随着温度升高，蒸气压增大，待蒸气压和大气压或所给压力相等时，液体沸腾，这时的温度称为该液体的沸点。每种纯液态有机化合物在一定压力下均具有固定的沸点。

在一定压力下，纯净液态有机化合物的沸点是固定的，沸程较小（0.5~1℃）。如含有杂质，沸点就会发生变化，沸程也会增大。所以，一般可通过测定沸点来检验液体有机物的纯度。沸点是液体有机物的特性常数，在物质分离、提纯和使用中具有重要意义。

2. 沸点的测定方法

（1）蒸馏装置测定沸点

实验室中通常采用蒸馏装置进行液体有机物沸程的测定。中华人民共和国国家标准 GB/T 615—2006《化学试剂　沸程测定通用方法》规定了用蒸馏法测定液体有机试剂沸程的通用方法，适用于沸点在30~300℃，且在蒸馏过程中化学性能稳定的液体有机物。

本实验讨论的是常压下的蒸馏，称为普通蒸馏或简单蒸馏。

（2）微量法测定沸点

微量法测定沸点的装置如图 2-26-1 所示。取一根内径 3~4mm、长 8~9cm 的玻璃管，用小火封闭其一端，作为沸点管的外管，放入欲测定沸点的样品 4~5 滴，在此管中放入一根长 7~8cm、内径约 1mm 的上端封闭的毛细管，即其开口处浸入样品中。把这一微量沸点管贴于温度计水银球旁，并浸入液体中，像测定熔点那样把沸点测定管附在温度计旁，加热，由于气体膨胀内管中有断断续续的小气泡冒出来，到达样品的沸点时，将出现一连串的小气泡，此时应停止加热，使液浴的温度下降，气泡逸出的速度即渐渐地减慢，仔细观察，最后一个气泡刚欲缩回到内管的瞬间温度即表示毛细管内液体的蒸气压与大气压平衡时的温度，亦就是该液体的沸点。

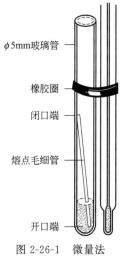

图 2-26-1　微量法测定沸点

（右侧标注：φ5mm玻璃管、橡胶圈、闭口端、熔点毛细管、开口端）

3. 蒸馏原理与装置

（1）蒸馏原理　所谓蒸馏就是将液态物质加热到沸腾变为蒸气，又将蒸气冷凝为液体两个过程的联合操作。如蒸馏沸点差别较大的液体时，沸点较低的先蒸出，沸点较高的随后蒸出，不挥发的留在蒸馏器内，这样，可达到分离和提纯的目的，故蒸馏为分离和提纯液态有机化合物常用的方法之一，是重要的基本操作，必须熟练掌握。利用蒸馏可将沸点相差较大（如相差30℃）的液态混合物分开。但在蒸馏沸点比较接近的混合物时，几种物质的蒸气将同时蒸出，只不过低沸点的多一些，故难于达到分离和提纯的目的，只好借助于分馏。由于纯液态有机化合物在蒸馏过程中沸点范围很小（0.5~1℃），故可以利用蒸馏来测定沸点，此法用量较大，要 10mL 以上，若样品不多时，可采用微量法。

为了消除在蒸馏过程中的过热现象和保证沸腾的平稳状态，常加入素烧瓷片或细口的毛细管，因为它们都能防止加热时的暴沸现象，故把它们叫做止暴剂。在加热蒸馏前就应加入止暴剂。当加热后发觉未加止暴剂或原有止暴剂失效时，千万不能匆忙地投入止暴剂。因为当液体在沸腾时投入止暴剂，将会引起猛烈的暴沸，液体易冲出瓶口，如果是易燃的液体将会引起火灾。所以，应使沸腾的液体冷却至沸点以下后才能加入止暴剂。另外，蒸馏中途停止，而后来又需要继续蒸馏，也必须在加热前补添新的止暴剂，以免出现暴沸。

蒸馏操作是有机化学实验中常用的实验技术，一般用于下列几方面：①分离液体混合物，仅对混合物中各成分的沸点有较大差别时才能达到有效的分离；②测定化合物的沸点；③提纯，除去不挥发的杂质；④回收溶剂，或蒸出部分溶剂以浓缩溶液。

（2）蒸馏装置　蒸馏装置主要由圆底烧瓶、冷凝管和接收器三部分组成，如图 2-26-2 所示。

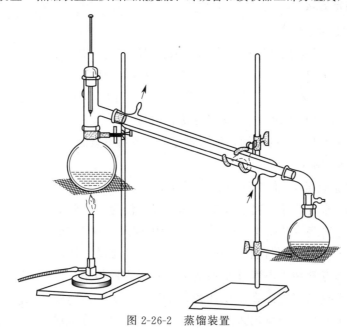

图 2-26-2　蒸馏装置

① 蒸馏烧瓶为容器，液体在瓶内受热汽化。一般被蒸馏的体积占烧瓶容积的 1/3～2/3。

② 蒸气经支管进入冷凝管。

③ 蒸气在冷凝管中冷凝成为液体，液体的沸点高于 130℃ 时用空气冷凝管，低于 130℃ 时用直形冷凝管。液体沸点很低时，可用蛇形冷凝管，该蛇形冷凝管要垂直装置，冷凝管下端侧管为进水口，用橡胶管接自来水龙头，上端的出水口套上橡胶管导入水槽中。上端的出水口应向上，才可保证套管内充满水。冷凝管的种类很多（球形、蛇形、直形等），常用的为直形冷凝管。

④ 接收器常用接液管和锥形瓶或圆底烧瓶，应与外界大气相通。

三、仪器和试剂

1. 仪器

圆底烧瓶，蒸馏头，温度计套管，直形冷凝管，接引管，温度计，接收瓶，加热源

（加热套），量筒等。

2. 试剂

乙醇-水混合物。

四、实验内容

1. 安装蒸馏装置

（1）取干燥的 50mL 蒸馏烧瓶、蒸馏头、温度计套管和 150℃的温度计，将蒸馏头插入蒸馏烧瓶的瓶口，再将温度计套管和 150℃的温度计一起插入蒸馏头的上口，调整温度计的位置，水银球的上缘恰好位于蒸馏烧瓶支管接口的下缘，使它们在同一水平线上，而后固定在铁架台上，见图 2-26-3，以便使蒸馏时水银球完全被蒸气所包围，正确测得蒸气的温度。

图 2-26-3　蒸馏装置中温度计的位置

（2）用一个铁夹夹住冷凝管的重心部位（约中上部），调整固定器的位置（即使铁夹的位置上下移动），使冷凝管和蒸馏烧瓶的支管尽可能在同一直线上。然后松开冷凝管上的铁夹，使冷凝管在此直线上移动与蒸馏头相连，蒸馏头的支管伸入冷凝管上端的磨口，再装上接液（引）管和接收瓶（常压蒸馏接收瓶用锥形瓶即可）。

安装蒸馏装置时，一般是从下到上，从左到右，依次连接。整套仪器要做到准确端正，不论从侧面看或正面看，各个仪器的中心线都要在一条直线上。装置要稳定、牢固，各磨口接头相互连接，且严密，各个铁夹不要夹得太紧也不要太松，以免弄坏仪器。

2. 蒸馏操作

（1）加料　把长颈漏斗放在蒸馏烧瓶口，经漏斗加入待蒸馏的液体（本实验用 30mL 苯或乙醇）。加入几粒止暴剂，然后在蒸馏烧瓶口塞上带有温度计的塞子（标准磨口仪器则此处采用配套的蒸馏头和温度计套管即可），再仔细检查一遍装置是否正确，各仪器之间的连接是否紧密，有没有漏气。

（2）加热　加热前，先向冷凝管缓缓通入冷水，把上口流出的水引入水槽中。接着加热，最初宜用小火，以免蒸馏烧瓶因局部受热而破裂；慢慢增大火力使之沸腾，进行蒸馏。然后调节火焰或调整加热电炉的电压，控制蒸馏速度，以每秒馏出 1~2 滴为宜。

（3）观测沸点、收集馏出液　在蒸馏过程中，应使温度计水银球常有被冷凝的液滴润湿，此时温度计的读数就是溶液的沸点。记录第一滴馏出液馏出时的温度，若蒸馏液体中含有低沸点的组分，可在蒸馏温度趋于稳定后，更换接收瓶。记录所需馏分开始馏出（即稳定温度）和收集最后一滴时的温度，这就是该馏分的沸程。纯液体沸程一般在 1~2℃内。

3. 停止蒸馏

当维持原来的加热程度，不再有馏出液蒸出而温度又突然下降（或上升），就应停止蒸馏，即使杂质量很少，也不能蒸干。否则，可能会发生意外事故。

蒸馏完毕，先停止加热，后停止通水，拆卸仪器，其程序与装配时相反，即按次序取下接收器、接液管、冷凝管和蒸馏烧瓶。

五、注意事项

（1）所用各部分接口不能漏气，以免在蒸馏过程中有蒸气渗漏而造成产物的损失，以致发生火灾。

（2）蒸馏易挥发和易燃的物质，不能用明火。否则易引起火灾，故要用热浴。

六、思考题

（1）在进行蒸馏操作时从安全和效果两方面来考虑应注意哪些问题？

（2）在蒸馏装置中，把温度计水银球插至液面上或者在蒸馏头管口上方是否正确？为什么？

（3）将待蒸馏的液体倾入蒸馏烧瓶中时，不使用漏斗行吗？如果不用漏斗，应该怎样操作呢？

（4）蒸馏时，放入止暴剂为什么能防止暴沸？如果加热后才发觉未加入止暴剂时，应该怎样处理？

（5）当加热后有馏出液出来时，才发现冷凝管未通水，请问能否马上通水？如果不行，应怎么办？

（6）如果加热过猛，测定出来的沸点是否正确？为什么？

实验 27　乙醛的制备　◄◄◄

一、实验目的

（1）学习掌握乙醇的化学反应性质及活性；

（2）学习醛类的制备和鉴定方法。

二、实验原理

$$C_2H_5OH \xrightarrow{K_2Cr_2O_7} CH_3CHO + H_2O$$

三、仪器和试剂

1. 仪器

大试管，小试管，大烧杯，铁架台等。

2. 试剂

95％乙醇 4mL，重铬酸钾 1g，硫酸 6mL（1∶5）。

四、实验内容

1. 乙醛的制备

在带有导管的试管里，加入 1g 重铬酸钾、6mL 稀硫酸（1∶5）、4mL 乙醇及几粒沸石，加以振荡。把试管斜夹在铁架台上，装好导管，并将导管的末端伸到另一只盛有 4mL 冷水的试管里，导管伸至接近管底。把接收试管浸在盛有冷水的烧杯里冷却。实验装置见图 2-27-1。

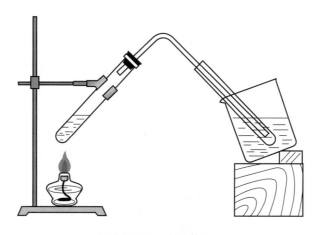

图 2-27-1 实验装置

小心加热，为了避免在加热时液体自试管中冲出，必须不断移动火焰或加入几粒沸石，使混合液均匀沸腾，待接收试管中液体体积增加一倍时，先取走接收试管，再停止加热，以防产物倒吸。

2. 乙醛的鉴定

在一支试管中，先加入氢氧化钠，再加几粒碘，然后加入自制的乙醛水溶液几滴，用力振荡，观察现象，应生成不溶性的固体。

五、思考题

（1）为什么不使用高锰酸钾做氧化剂？

（2）反应接近完成后注意发生哪些现象？如何操作？

（3）安装时为什么将反应的试管倾斜一定的角度？

（4）如安装仪器的气密性不好，会有什么结果？

（5）如果要求制备 50mL 乙醛，应该如何选择仪器和安装？

实验 28　溴乙烷的制备　◄◄◄

一、实验目的

(1) 学习掌握醇类取代反应的机理和方法。
(2) 学习掌握折光仪的使用方法和折射率的测定。
(3) 学习掌握非均相液体的分离技术及纯化方法。

二、实验原理

制备溴乙烷，通常是由乙醇和氢溴酸作用，使醇中的羟基被溴原子取代。在实验室中，最常用的方法是用浓硫酸和溴化钠或溴化钾为溴化剂与乙醇作用而得。乙醇和氢溴酸的反应是一个可逆反应，为了加速反应和提高产率，可适当使乙醇和其吸水作用的浓硫酸过量，也可将反应中生成的溴乙烷随时蒸馏出来，以促进取代反应的进行。本实验采取二者并用的方法。

主要反应：

$$NaBr + H_2SO_4 \longrightarrow HBr + NaHSO_4$$
$$C_2H_5OH + HBr \rightleftharpoons C_2H_5Br + H_2O$$

副反应：

$$2C_2H_5OH \xrightarrow{H_2SO_4} C_2H_5OC_2H_5 + H_2O$$
$$C_2H_5OH \xrightarrow{H_2SO_4} CH_2 = CH_2 + H_2O$$
$$2HBr + H_2SO_4 \longrightarrow Br_2 + SO_2 + 2H_2O$$

三、仪器与试剂

1. 仪器

圆底烧瓶（50mL），蒸馏头，直形冷凝管，锥形瓶，尾接管，加热套，阿贝折光仪等。

2. 试剂

95％乙醇 5mL，无水溴化钠 7.7g，浓硫酸 10mL（相对密度 1.84），饱和亚硫酸氢钠溶液。

四、实验内容

1. 准备工作

在 50mL 的圆底烧瓶中，放入 4mL 水（加入少量水，可防止反应进行时产生大量泡沫，减少副反应物乙醚的生成，避免氢溴酸的挥发），在冰水浴中，边摇动边加入浓硫酸10mL。在冷却和不断振荡下，待烧瓶冷却近室温后，慢慢加入 5mL 95％乙醇，摇匀后加入 7.7g 研细的溴化钠（溴化钠要先研细，在搅动下加入，以防止结块而影响反应的进行），再投入 2～3 粒沸石。

2. 仪器安装

按图 2-28-1 安装反应装置。在铁架台上固定好烧瓶夹（其高度以便于加热或撤离热源为宜），将盛有反应物的圆底烧瓶用烧瓶夹固定好。然后在烧瓶口接好一转换头，在另一铁架台上，用烧瓶夹夹住直形冷凝器的中部。调整铁架台的位置和烧瓶夹的高度，使冷凝器的上口与转换头一端接近，并逐步使二者紧密连接。冷凝器夹套的下口用橡胶管与水龙头连接，上口用橡胶管引至水槽中；冷凝器的下口与接引管相连，接引管与接收器相连。为了避免低沸点产物溴乙烷挥发，在接收器中放入一定量的水，水面的高度以使接引管的下端刚好浸入水面之中为宜，不可浸入太多，以免发生倒吸现象，然后再把接收器放在冰水浴冷却。

3. 反应

检查加料和仪器安装确无差错之后，打开水龙头，使冷凝器夹套中充满冷水，并在上口连续流出，打开加热套，用低温加热烧瓶。不久，瓶中物质开始有气泡生成，随之有油状物质蒸馏出来，并沉于接收器的底部，调节温度（蒸馏时，蒸出速度不宜过快，否则，逸出，而且在加热开始时，常有很多泡沫发生，若

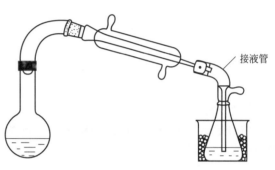

接液管

图 2-28-1 溴乙烷反应装置

加热太快，会使反应物冲出，导致实验失败），使油状物质逐渐蒸馏出来。半小时后，可加大火焰，直到无油状物质蒸馏出来为止（反应终了时，烧瓶中的混合液由浑浊变为清亮透明。反应结束后，应趁热将残液倒出，以免生成的硫酸氢钠冷却后结块，不易倒出。如果接收器中的溴乙烷带有黄色，则可加入 5mL 饱和亚硫酸氢钠溶液）。

反应完毕后，先将接收瓶移开，再停止加热，关闭冷却水，然后按照与安装仪器相反的次序拆卸仪器。

4. 分离和洗涤

将接收瓶中的液体倒入分液漏斗中，静置分层后，将下层的粗制溴乙烷转移至干燥的小锥形瓶中（要避免将水带入分出的溴乙烷中，否则，当用浓硫酸洗涤时，会产生热量，而使产品挥发，损失）。

将盛有粗溴乙烷的小锥形瓶放入冰水浴中，慢慢滴入浓硫酸，边加边摇动锥形瓶进行冷却（为防止溴乙烷挥发，一定要慢、冷、摇，可除去乙醚、乙醇及水等少量杂质）。直到溴乙烷变得澄清，并能分层为止。用干燥的分液漏斗，仔细地分去下层的硫酸液。将上层溴乙烷从分液漏斗上口倒入 50mL 圆底烧瓶中。

5. 产品蒸馏提纯

在圆底烧瓶中加入几粒沸石，按图 2-28-2 安装蒸馏装置进行蒸馏。由于溴乙烷沸点

很低，接收瓶也要在冷水中冷却。接收 37～40℃的馏分。

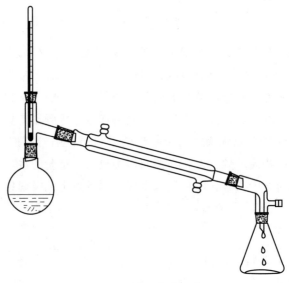

图 2-28-2　溴乙烷蒸馏装置

6. 称重

将最后蒸馏出的溴乙烷连同锥形瓶一起称重，减去空锥形瓶的质量，得到溴乙烷的质量。

7. 产品检验和分析

取一段铜丝，将铜丝浸入所制得的溴乙烷中，取出，再将铜丝放入火焰中加热，这时可生成挥发性的铜卤化物，而使火焰呈现明显的绿色或蓝绿色。

折射率的测定：取一些溴乙烷，用阿贝折光仪测其折射率。阿贝折光仪的用法参考仪器说明书。

五、注意事项

（1）溴化钠应预先研细，并在搅拌下加入，以防结块而影响氢溴酸的产生。若用含有结晶水的溴化钠（NaBr·2H$_2$O），其量用物质的量换算，并相应减少加入的水量。

（2）溴乙烷沸点低，在水中溶解度小（1∶100），且低温时又不与水作用，为减少其挥发，故接收瓶和使其冷却的水浴中均应放些碎冰，并将接收管支口用橡胶管导入下水道或室外。

（3）反应开始时会产生大量的气泡，故应严格控制反应温度，使其平稳地进行。

（4）馏出液由浑浊变澄清时，表示产物已基本蒸完，停止反应时，应先将接收瓶与接收管分离，然后再撤去热源，以防倒吸。待反应瓶稍冷，趁热将反应瓶内容物倒掉，以免结块而不易倒出。

六、思考题

1. 本实验得到的产物溴乙烷的产率往往不高，试分析有几种可能的影响因素。

2. 在精制操作中，使用浓硫酸的目的何在？

3. 实验中应当按什么顺序加入试剂？不按这个顺序加会有什么影响？

实验 29 苯甲酸的制备 ◄◄◄

一、实验目的

（1）掌握芳香烃氧化制备苯甲酸的原理和方法。

（2）学习产品分离、提纯的工艺及方法。

（3）学习掌握熔点仪的使用方法及熔点的测定。

二、实验原理

侧链含有 α 氢的烷基苯，不论烷基大小，用强氧化剂氧化都可以生成苯甲酸。本实验是将甲苯用高锰酸钾氧化成甲酸盐，经酸化而得苯甲酸。

三、仪器和试剂

1. 仪器

50mL 圆底烧瓶，回流冷凝管，抽滤装置，加热套，双目显微熔点测定仪等。

2. 试剂

甲苯 1.5mL（1.2g），高锰酸钾 4.0g，浓盐酸（相对密度 1.19），亚硫酸氢钠。

四、实验内容

1. 反应

在 50mL 圆底烧瓶中放入甲苯 1.5mL，水 20mL 和高锰酸钾 4.0g，瓶口安装回流冷凝器（图 2-29-1）。用电加热套加热煮沸，并间歇地摇动烧瓶，直至甲苯层接近消失，回流液几乎不再出现油珠，停止加热。

2. 减压过滤、酸化

将反应混合物趁热减压过滤。如滤液呈紫色，可加少量亚硫酸钠使紫色除去，重新减压过滤，用少量热水洗涤二氧化锰滤渣，合并滤液和洗涤液，放入冰浴中冷却，然后用浓盐酸酸化，直至苯甲酸全部析出。将析出的苯甲酸减压过滤，用少量冷水洗涤并抽干，放置在表面皿上晾干，称重。若要得到纯净产品，可在水中进行重结晶。

3. 熔点测定

通常，当结晶物质加热到一定温度时，即从固态转变为液态，此时的温度可看成该物质的熔点。然而，熔点严格的定义为固液两态在大气压下成平衡时的温度。纯物质熔点范围为 $0.5 \sim 1.0 ℃$。如含有杂质，则其熔点比纯品往往降低，且熔程也较大。因此熔点的测定对鉴别固体有机物有很大的价值。

本实验采用双目显微熔点测定仪来测定苯甲酸的熔点。仪器使用请参看说明书。纯净的苯甲酸为无色或白色片状或针状晶体，熔点 mp＝122.4℃。

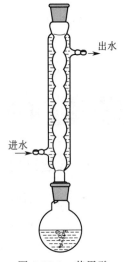

出水

进水

图 2-29-1　苯甲酸
回流装置

五、注意事项

（1）高锰酸钾要分批加入，小心操作不能使其粘在管壁上。

（2）控制氧化反应速度，加热温度不要太高，防止发生暴沸冲出现象。

（3）酸化要彻底，使苯甲酸充分结晶析出。

六、思考题

（1）制备苯甲酸可以用哪几种方法？

（2）除了高锰酸钾外，还有什么物质可作为氧化剂使用？

（3）固体熔程范围的大小可以说明什么？

（4）如果甲苯没有被全部氧化成苯甲酸，问残留在苯甲酸中的甲苯如何除去？

实验 30　乙酸乙酯的制备　◀◀◀

一、实验目的

（1）学习酯化反应的特点，掌握提高可逆反应产物产率的方法。

（2）学习了解有机产物的分离、洗涤、干燥的方法和技能。

（3）进一步练习阿贝折光仪的使用。

二、实验原理

在少量酸性催化剂的作用下，羧酸（或酰氯、酸酐）和醇反应，生成羧酸酯。

酯化反应是可逆反应，在反应达到平衡时，一般只有三分之二的醇和酸转变成酯。为获得较高产率的酯，通常可使醇或酸过量，也可不断地把反应中生成的酯或水及时蒸出。乙酸乙酯的制备，是用过量的乙醇和乙酸（冰醋酸）为原料，用硫酸做催化剂，采用边滴加原料边蒸出产物的操作，来达到提高产率的目的。

主反应：

$$CH_3COOH + C_2H_5OH \underset{120℃}{\overset{浓\ H_2SO_4}{\rightleftharpoons}} CH_3COOC_2H_5 + H_2O$$

副反应：

$$2CH_3CH_2OH \xrightarrow[140℃]{浓\ H_2SO_4} CH_3CH_2OCH_2CH_3 + H_2O$$

$$CH_3CH_2OH \xrightarrow[170℃]{浓\ H_2SO_4} CH_2 = CH_2 + H_2O$$

三、仪器和试剂

1. 仪器

50mL 三口瓶，直形冷凝管，刺形分馏柱，蒸馏头，温度计，尾接管，锥形瓶，恒压滴液漏斗，阿贝折光仪等。

2. 试剂

冰醋酸 3.6mL，乙醇 6.5mL，浓硫酸 1.5mL，饱和碳酸钠溶液，饱和氯化钙溶液，饱和食盐水，无水碳酸钾。

四、实验内容

1. 准备工作

在干燥的 50mL 三口瓶中，加入 1.5mL 乙醇，然后一边摇动，一边慢慢地加入 1.5mL 浓硫酸，并使之混合均匀，再投入 2～3 粒沸石。

2. 仪器安装

在铁架台上固定好烧瓶夹（其高度以便于加热或撤离热源为宜），将盛有反应物的三口瓶，用烧瓶夹固定好。然后在三口瓶的中口连接韦氏分馏柱，分馏柱上口连接蒸馏头下口，蒸馏头上口装一个 100℃ 温度计，支管与直管冷凝器相连，冷凝器的下口再与接收器相连，冷凝器夹套的下口用橡胶管与水龙头接，上口用橡胶管引至水槽中；在三口瓶的一个侧口装上 150℃ 温度计，且使温度计的水银球浸入液面以下距瓶底 0.5～1cm。在滴液漏斗中，先后倒入 5mL 乙醇和 3.6mL 冰醋酸。并使它们混合均匀，然后将盛有混合液的滴液漏斗与三口瓶的另一个侧口连接（图 2-30-1）。

3. 反应

按图 2-30-1 装好装置后（本实验所采用的酯化法，仅适用于合成沸点较低的酯类，

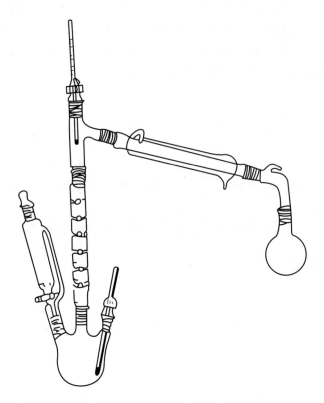

图 2-30-1　乙酸乙酯反应装置

其优点是可以连续进行，能用容积较小的反应瓶制得较大量的酯），打开水龙头，给冷凝器通入冷却水，用电加热套加热三口瓶。当三口瓶中液体温度达到 115～120℃时，开始把滴液漏斗中的乙醇-冰醋酸混合物慢慢滴入三口瓶中，此后即有反应产物蒸出，并通过冷凝器凝结为液体，滴入接收瓶中。调节滴加速度，使之和蒸出酯的速度大致相同。这样三口瓶中的反应温度一般维持在 120～125℃（温度不宜过高，否则会增加副产物乙醚的含量；滴加速度过快，会使乙醇和乙酸来不及反应而被蒸出），继续加热数分钟，直到不再有液体蒸出为止。

4. 分离、洗涤和干燥

反应完毕后，接收瓶中所收集到的馏出物中，除乙酸乙酯外，尚有少量的乙酸、乙醇和乙醚，故应将它们除去。

将饱和碳酸钠溶液（不能用氢氧化钠，因为这样有可能促使酯水解）分批小量地加入馏出液中，同时不断摇动，直到无二氧化碳气体逸出为止。把混合液倒入分液漏斗中（注意，不要使液体从通气孔漏出），静置，待混合液分层后，分去下面的水层，用石蕊试纸检查上面的酯，若仍属酸性，则应再用饱和碳酸钠溶液洗涤，直到酯层不显酸性为止。

把洗至不显酸性的酯层再用等体积的饱和食盐水洗涤（碳酸钠必须洗净，否则，下一步用饱和氯化钙溶液洗涤时，会产生絮状碳酸钙沉淀，造成分离困难，为减少酯在水中的水解，故用饱和食盐水洗去碳酸钙），分出下面的食盐水层，酯层再用等体积的饱和氯化钙溶液洗涤两次，每次都要充分振荡（用饱和氯化钙溶液洗涤，是为了除去乙醇，因为乙醇和乙酸乙酯的沸点很接近，而且乙醇、乙酸乙酯与水三者能形成恒沸混合物，故不能用蒸馏的方法将乙醇除去要用化学方法尽量把乙醇除净），可静置，分离完全，最后从漏斗的上口将酯层倒入干燥的小锥形瓶中，加入少量无水碳酸钾（或碳酸钠）干燥。

5. 产品蒸馏提纯

将干燥好的粗乙酸乙酯倒入 50mL 圆底烧瓶中，在水浴上加热蒸馏，收集 74～80℃ 的馏分。称重。

6. 产品分析

纯乙酸乙酯为无色透明液体，取一些液体用阿贝折光仪测其折射率。

五、注意事项

（1）控制反应温度在 120～125℃，控制原料滴加速度。应保持滴加速度和蒸出速度大体一致，否则收率也较低。

（2）洗涤时注意放气，有机层用饱和 NaCl 洗涤后，尽量将水相分干净。

（3）用 $CaCl_2$ 溶液洗之前，一定要先用饱和 NaCl 溶液洗，否则会产生沉淀，给分液带来困难。

六、思考题

（1）酯化反应有什么特点？本实验中如何使酯化反应尽量向生成物方向进行？

（2）本实验若采用醋酸过量的做法是否合适？为什么？

（3）蒸出的粗乙酸乙酯中主要有哪些物质？如何除去？

（4）为什么乙酸乙酯产品不用无水氯化钙而用无水硫酸镁进行干燥？

实验 31　叔丁基氯水解的反应速率　◀◀◀

一、实验目的

（1）进一步学习叔卤烃取代反应的影响因素及机理。

（2）掌握测定水解反应速率的方法。

二、实验原理

$$CH_3-\overset{\overset{\displaystyle CH_3}{|}}{\underset{\underset{\displaystyle CH_3}{|}}{C}}{}^+ + OH^- \xrightarrow{\text{快}} CH_3-\overset{\overset{\displaystyle CH_3}{|}}{\underset{\underset{\displaystyle CH_3}{|}}{C}}-OH$$

这个反应的速率只取决于叔丁基氯的浓度，而与碱的浓度无关。如果能测得叔丁基氯反应到某一阶段（例如叔丁基氯物质的量的 10% 或 20%）的时间 t，那么根据一级反应速率方程的积分式（2-31-1）就能算出速率常数 k。

如果改变水解反应的温度，测得不同温度下的速率常数 k，则可据阿累尼乌斯方程的积分式，以 $-\lg k$ 对 $1/T$ 作图，得一直线，其斜率为 $E/2.303R$，由此可粗略计算出反应的活化能 E。

$$k = \frac{2.3}{t}\lg\frac{1}{1-\text{反应进行的百分数}/100} \tag{2-31-1}$$

$$\lg k = \lg A - \frac{E}{2.303RT} \tag{2-31-2}$$

本实验是以定量的叔丁基氯的丙酮溶液与物质的量为前者的 10% 或 20% 的氢氧化钠溶液反应，借助于溴酚蓝指示剂[1] 的变色来确定反应完成的时间。溴酚蓝在叔丁基氯、氢氧化钠、丙酮和水的初始碱性混合液中呈蓝色。当所有的碱消耗完时，由于叔丁基氯继续水解，生成的盐酸使溴酚蓝转变为黄色。

三、仪器和试剂

1. 仪器

秒表，常规玻璃仪器，加热装置。

2. 试剂

$0.1\text{mol} \cdot \text{L}^{-1}$ 叔丁基氯的丙酮溶液，$0.1\text{mol} \cdot \text{L}^{-1}$ 氢氧化钠溶液，30% 丙酮水溶液，溴酚蓝指示剂。

四、实验内容

1. 反应完成 10%

在 50mL 锥形瓶中放入 5mL $0.1\text{mol} \cdot \text{L}^{-1}$ 叔丁基氯的丙酮溶液，在另一只 50mL 锥形瓶中放入 0.5mL $0.1\text{mol} \cdot \text{L}^{-1}$ 氢氧化钠溶液及 9.5mL 蒸馏水，并加入 2 滴溴酚蓝指示剂。

把叔丁基氯的丙酮溶液完全倒入盛有碱溶液的锥形瓶中，同时用秒表计时，并立即将全部混合物倒回原来盛有叔丁基氯的锥形瓶中，以保证混合组分充分混合。将锥形瓶静置，瓶底衬一张白纸，注意观察颜色的变化。当溶液变为黄色时[2]反应即告完成，记录时间及室温。

重复这一步骤一次或多次，直到时间读数的差值不超过 3s。

2. 反应完成 20%

重复步骤 1，但氢氧化钠溶液的用量加倍（1.0mL），蒸馏水改为 9mL。测定反应完成的时间。

3. 改变叔丁基氯的浓度

重复步骤 1，但在混合溶液之前，先加 15mL 30％丙酮水溶液到含碱溶液的锥形瓶中。

4. 改变反应温度

在两个不同温度下重复步骤 1。可选择一个低于室温约 10℃，另一个高于室温约 10℃ 的温度。较低的温度可用冰水混合物来达到，较高的温度可用温水浴。将盛有未混合反应物的两个锥形瓶浸在相同的水浴中，同时测量反应溶液的温度。当达到所要求的温度时，按步骤 1 的方法混合两种反应溶液，并将混合物保留在浴中直到反应完全。记录反应完成的时间。

测得反应的完成时间 t，按式（2-31-1）计算 k、$-\lg k$ 以及由温度 T（热力学温度）算得的 $1/T$ 填入表 2-31-1。

表 2-31-1　数据记录及处理

T/K	反应程度	实验序号	t/s	k	$-\lg k$	$1/T$
室温	反应完成 10％					
	反应完成 20％					
	稀释反应物 反应完成 10％					
低于室温 约 10℃	反应完成 10％					
高于室温 约 10℃	反应完成 10％					

以 $-\lg k$ 为纵坐标，$1/T$ 为横坐标作图，应得一直线，求得斜率。据式（2-31-2）可知

$$斜率 = \frac{E}{2.303R}$$

R 取值 8.31J·K^{-1}·mol^{-1}，计算活化能 E[3]。

五、注释

[1] 溴酚蓝（bromophenol blue）指示剂，pH3.0～4.6，颜色从黄色—蓝色—紫色。使用时配成 0.05％水溶液，每 10mL 样品放入 1 滴。

[2] 溴酚蓝颜色转变并不敏锐，一般由蓝色变为淡绿色，再到黄绿色，最后变为黄色。所以在各次测定时，操作者应选择同样的色泽作为反应终点。

[3] 据 Landgrebc [*J. Chem. Educ.*，41 (1964) 567]，此反应的活化能 $E = 8.079 \times 10^4$ J·mol^{-1}。

六、注意事项

（1）记录当天温度。高温天气与低温天气颜色变化时间差别大。

（2）低温下，水解第一个 10% 与第二个 10% 所需要时间差别较明显。

（3）选择较高温度时应注意避免叔丁基氯的挥发。

七、思考题

（1）叔丁基氯的水解是否与碱的浓度有关？

（2）反应完成一定阶段所需要的时间是否与叔丁基氯的浓度有关？

（3）反应速率是否取决于叔丁基氯的浓度？

实验 32　未知离子的分离与鉴定　◄◄◄

提示：

固体试样一般需经过取样、粉碎、磨细、筛分等步骤得到一个有代表性的均匀试样。实验前必须对试样做溶解实验，选择合适的溶剂，常用溶剂有蒸馏水、$6mol \cdot L^{-1}$ HCl、$12mol \cdot L^{-1}$ HCl、$6mol \cdot L^{-1}$ HNO_3、王水等，实验时可取少量试样，分别置于试管内，逐个加入上述试剂 5 滴，并在水浴中不断搅拌，观察沉淀溶解。

试样制备时取少量固体试样于试管中加入 10~12 滴溶剂，加热溶解后稀释至 1mL。

设计要求：

自行设计矿石组分定性鉴定方案，独立完成实验，在报告中写明实验编号与结果。可任选下列一组混合离子进行分离和鉴定：

（1）Cr^{3+}、Mn^{2+}、Fe^{3+}、Co^{2+}、Ni^{2+}

（2）Cu^{2+}、Ag^{+}、Zn^{2+}、Cd^{2+}、Hg^{2+}

（3）Sb^{3+}、Bi^{3+}

参考书：本书末参考文献 [4]。

实验 33　水泥熟料中铁、铝、钙、镁含量的测定　◄◄◄

提示：

水泥熟料中主要化学成分的含量大致为：SiO_2 18%~24%；Fe_2O_3 2.0%~5.5%；Al_2O_3 4.0%~9.5%；CaO 60%~70%；MgO<4.5%。其中，铁、铝、钙、镁等组分可用酸溶解，酸不溶物即为 SiO_2，经过滤后可在滤液中测定铁、铝、钙、镁等组分含量，由于这四种离子都能在一定条件下与 EDTA 形成稳定的螯合物，但形成螯合物的 $K_{稳}^{\ominus}$ 不同，$\lg K_{FeY^-}^{\ominus} = 25$，$\lg K_{AlY^-}^{\ominus} = 16.1$，$\lg K_{CaY^{2-}}^{\ominus} = 10$，$\lg K_{MgY^{2-}}^{\ominus} = 8$，因此，可利用控制酸

度与掩蔽、沉淀等方法分别测定。

设计要求：

（1）设计水泥熟料试样分析方案。

（2）EDTA 标准溶液的配制与标定方法。

（3）列出分步测定铁、铝、钙、镁方案。

参考书：本书末参考文献 [5]，[6]，[7]。

实验 34　由粗氧化铜制备硫酸铜试剂及组分测定 ◂◂◂

提示：

粗 CuO 是把工业废铜、废电线及废铜合金经高温焙烧而成，因为混有不少杂质，杂质主要是 Fe_2O_3 及泥沙，因此制备过程一般经过溶解、粗制与精制结晶得到纯硫酸铜，为了控制生产，必须对粗氧化铜原料组分进行测定，并进行成品组分检测。因此设计一个完整工艺路线包括两大部分：第一，由 CuO 制备 $CuSO_4 \cdot 5H_2O$ 的工艺；第二，Cu^{2+} 的测定与 $CuSO_4 \cdot 5H_2O$ 纯度检定等。

设计要求：

（1）设计由粗 CuO 制备试剂级 $CuSO_4 \cdot 5H_2O$ 工艺流程，要求产率高，产品纯度高，"三废"少，成本低。

（2）制订合理生产工艺、控制方法，包括 Cu^{2+} 的测定方法及微量铁的鉴定方法。

（3）对制得的 $CuSO_4 \cdot 5H_2O$ 产品，进行质量鉴定，包括硫酸铜的纯度鉴定和结晶水的测定。

参考书：本书末参考文献 [8]，[9]。

实验 35　从含银废液或废渣中提取金属银并制取硝酸银 ◂◂◂

提示：

工业与实验室的废液与废渣的共同特点是贵金属含量较低，需要经过富集，然后再提取、纯化。对含银废液中提取金属银可能有以下几种途径：

（1）含银废液直接用还原剂还原为 Ag。

（2）含银废液 + $Na_2S \longrightarrow Ag_2S \downarrow \longrightarrow Ag \downarrow$ （1000℃左右）。

（3）含银废液 + NaCl 或 HCl $\longrightarrow$ AgCl$\downarrow$ +浓 $NH_3 \cdot H_2O \longrightarrow [Ag(NH_3)_2]^+$ + 还原剂$\longrightarrow$ Ag$\downarrow$。

（4）含银废液可利用有机萃取剂萃取后再还原为银。

（5）含银废液可用离子交换法富集，洗脱后还原为银。

各途径是根据废液的含量、杂质及存在形式决定，因此一般选择方法前对废液作较全面的组分测定及了解废液的来源。例如在废定影液中，银主要是以 $[Ag(S_2O_3)_2]^{3-}$ 配离子形式存在，则富集时一般可加入 Na_2S 得到沉淀为 Ag_2S。

$$2Na_3[Ag(S_2O_3)_2]+Na_2S \longrightarrow Ag_2S\downarrow+4Na_2S_2O_3$$

经沉淀分离后，$Na_2S_2O_3$ 仍可作定影液使用，沉淀可经灼烧分解为 Ag。

$$Ag_2S+O_2 \longrightarrow 2Ag+SO_2$$

为了降低灼烧温度，可加 Na_2CO_3 与少量硼砂为助溶剂。

将制得 Ag 溶解在 （1+1） HNO_3 溶液中，蒸发、干燥，即可制得 $AgNO_3$。

$$3Ag+4HNO_3 \longrightarrow 3AgNO_3+NO+2H_2O$$

$AgNO_3$ 的纯度可用佛尔哈德沉淀滴定法或电位滴定法进行测定。

设计要求：

（1）设计从含银废液或废渣中提取金属银的方法。

（2）设计由提取得到的金属银制备 $AgNO_3$ 的方法。

（3）测定产品中 $AgNO_3$ 的含量，可用佛尔哈德法。

参考书：本书末参考文献 [1]。

附录

附录 1　常见阳离子的分离与鉴定方法　◀◀◀

　　无机定性分析就是鉴定和分离无机阴、阳离子，分离目的是为了正确地鉴定。其方法分为系统分析法和分别分析法。系统分析法是将可能共存的（常见的 28 个）阳离子按一定顺序，用"组试剂"将性质相似的离子逐组分离。然后再将各组离子进行分离和鉴定。如硫化氢系统分析法，见附表 1-1。"两酸两碱"系统分析法，见附表 1-2。分别分析法是分别取出一定量的试液，设法排除鉴定方法的干扰离子，加入适当的试剂，直接进行鉴定的方法。

附表 1-1　硫化氢系统分组简表

分离所依据的性质	硫化物不溶于水		硫化物溶于水		
	在稀酸中形成硫化物沉淀		在稀酸中不生成硫化物沉淀	碳酸盐不溶于水	碳酸盐溶于水
	氯化物不溶于热水	氯化物溶于热水			
包含的离子	Ag^+ Hg_2^{2+} Pb^{2+} （Pb^{2+}浓度大时,部分沉淀）	Pb^{2+},Hg^{2+} Bi^{3+},As^{3+} Cu^{2+},As^{5+} Cd^{2+},Sb^{3+} Sb^{5+} Sn^{2+} Sn^{4+}	Fe^{3+},Fe^{2+} Al^{3+},Co^{2+},Mn^{2+} Cr^{3+},Ni^{2+},Zn^{2+}	Ca^{2+} Sr^{2+} Ba^{2+}	Mg^{2+} K^+ Na^+ NH_4^+
组名称	第一组 盐酸组	第二组 硫化氢组	第三组 硫化铵组	第四组 碳酸铵组	第五组 易溶组
组试剂	HCl	（$0.3mol \cdot L^{-1}$ HCl）H_2S	（$NH_3 \cdot H_2O + NH_4Cl$） （NH_4）$_2S$	（$NH_3 \cdot H_2O + NH_4Cl$） （NH_4）$_2CO_3$	—

离子的分析特性，系指离子及其主要化合物的外观特征、溶解性、酸碱性、氧化还原性和配合性等与离子分离、鉴定有关的性质。

利用加入某种化学试剂，使其与溶液中某种离子发生特征反应的方法来鉴别溶液中某种离子是否存在，称为该离子的鉴定。所发生的化学反应称为该离子的鉴定反应。鉴定反应总是伴随有明显的外部特征、灵敏而迅速的化学反应。如有颜色的改变、沉淀的生成和溶解、特殊气体或特殊气味的放出。

只有在一定的条件下，用于分离鉴定的反应才能按预期的方向进行。这些条件主要是溶液的浓度、酸碱度、反应温度、溶剂的影响、催化剂和干扰物质是否存在等。

若有干扰物质存在，必须消除其干扰。可用分离法和掩蔽法。如常用的沉淀分离法、溶剂萃取分离法和配合掩蔽法、氧化还原掩蔽法等。如用酒石酸或 F^- 配合掩蔽 Fe^{3+}，用 Zn 或 $SnCl_2$ 还原掩蔽 Fe^{3+}，消除其对 Co^{2+} 和 SCN^- 鉴定反应的干扰。

有的鉴定反应的产物在水中溶解度较大或不稳定，可加入特殊有机溶剂使其溶解度降低或稳定性增加。如在 $[Co(SCN)_4]^{2-}$ 溶液中加入丙酮或乙醇，在 $CrO(O_2)$ 溶液中加入乙醚或戊醇。大部分无机微溶化合物在有机溶剂中的溶解度总是比在水中的小。

附表 1-2 "两酸两碱"系统分组方案简表

组所依据的性质	氯化物难溶于水	氯化物易溶于水			
		硫酸盐难溶于水	硫酸盐易溶于水		
			氢氧化物难溶于水及氨水	在氨性条件下不产生沉淀	
				氢氧化物难溶于过量氢氧化钠溶液	在强碱性条件下不产生沉淀
分离后形态	AgCl Hg₂Cl₂ PbCl₂	PbSO₄ BaSO₄ SrSO₄ CaSO₄	Fe(OH)₃ Al(OH)₃ MnO(OH)₂ Cr(OH)₃ Bi(OH)₃ Sb(OH)₃ HgNH₂Cl Sn(OH)₅	Cu(OH)₂ Co(OH)₃ Ni(OH)₂ Mg(OH)₂ Cd(OH)₂	[Zn(OH)₄]²⁻ K⁺ Na⁺ NH₄⁺
组名称	第一组 盐酸组	第二组 硫酸组	第三组 氨组	第四组 碱组	第五组 可溶组
组试剂	HCl	（乙醇） H₂SO₄	（H₂O₂） NH₃ NH₄Cl	NaOH	—

分别检出 NH_4^+, Na^+, Fe^{3+}, Fe^{2+}

增加温度，可以加快化学反应的速率。对溶解度随温度升高而显著增加的物质，如 $PbCl_2$ 沉淀，可加热（水）使其溶解而与其它沉淀物分离。相反，若用稀 HCl 沉淀 Pb^{2+}，不宜在热溶液中进行。

化学反应速率较慢的反应，除需加热外，还必须加适当的催化剂。如用 $S_2O_8^{2-}$ 鉴定

Mn^{2+}，加入 Ag^+ 催化剂是不可缺少的条件。

待测离子的浓度必须足够大，反应才能显著进行和有明显的特征现象。如用 HCl 溶液鉴定 Ag^+，必须 $c(Ag^+) \cdot c(Cl^-) > K_{sp}^{\ominus}(AgCl)$，才有 AgCl 沉淀生成。有时沉淀量太少，也不容易观察到。

溶液的酸碱性不仅影响反应物或产物的溶解性、稳定性和灵敏度等，更主要的是关系到鉴定反应的完全程度。如用丁二酮肟鉴定 Ni^{2+}，溶液的适宜酸度是 pH=5～10。在强酸性溶液中，红色沉淀分解，因试剂是一种有机弱酸。在强碱性溶液中，Ni^{2+} 形成 $Ni(OH)_2$ 沉淀，反应不能进行。若加入氨水过浓或过多，因生成 $[Ni(NH_3)_6]^{2+}$ 使灵敏度降低，甚至使沉淀难以生成。总之，每个鉴定反应所需求的适宜条件，是由待测离子、试剂和鉴定反应产物的物理、化学性质所决定的。应结合实验现象，注意分析理解。

1. 常见单一阳离子的鉴定方法

(1) Ag^+ 的鉴定　在离心试管中加入 5 滴含 Ag^+ 试液，滴加 $0.1mol \cdot L^{-1}$ NaCl 5 滴，生成白色沉淀。离心分离，弃去清液，用去离子水洗涤沉淀。若向沉淀中加入 $6mol \cdot L^{-1}$ $NH_3 \cdot H_2O$，沉淀溶解，当用稀 HNO_3 酸化时，又有白色沉淀复出，示有 Ag^+ 存在。

(2) Pb^{2+} 的鉴定　向 5 滴含 Pb^{2+} 试液中加 $6mol \cdot L^{-1}$ HAc 1 滴，再滴加 $0.1mol \cdot L^{-1}$ K_2CrO_4 溶液，若生成黄色沉淀，示有 Pb^{2+} 存在。

(3) Hg^{2+} 的鉴定　向 6 滴含 Hg^{2+} 试液中，逐滴加入 $0.2mol \cdot L^{-1}$ $SnCl_2$ 溶液，若先生成白色沉淀，继而变为灰黑色沉淀，示有 Hg^{2+} 存在。此法同样适于 Hg_2^{2+} 和 Sn^{2+} 的鉴定。

(4) Fe^{3+} 的鉴定

① 向 5 滴酸性 Fe^{3+} 试液中，滴加 $0.1mol \cdot L^{-1}$ KSCN 溶液，若溶液变为血红色，示有 Fe^{3+} 存在。

② 向 5 滴酸性 Fe^{3+} 试液中，滴加 $0.1mol \cdot L^{-1}$ $K_2[Fe(CN)_6]$ 溶液，若生成深蓝色沉淀，亦示有 Fe^{3+} 存在。

(5) Fe^{2+} 的鉴定

① 向 5 滴酸性 Fe^{2+} 试液中滴加 $0.1mol \cdot L^{-1}$ $K_4[Fe(CN)_6]$，若生成深蓝色沉淀，示有 Fe^{2+} 存在。

② 向 10 滴 (pH=2～9) Fe^{2+} 试液中，滴入 1% 邻二氮菲溶液，若生成橘红色沉淀，亦示有 Fe^{2+} 存在。

(6) Ni^{2+} 的鉴定　向 5 滴含 Ni^{2+} 试液中，滴加 $2mol \cdot L^{-1}$ $NH_3 \cdot H_2O$ 至生成的沉淀刚好溶解，再滴加 1% 丁二酮肟溶液，若有鲜红色沉淀产生，示有 Ni^{2+} 存在。

(7) Mn^{2+} 的鉴定　向 2 滴含 Mn^{2+} 试液中加入 10 滴 $6mol \cdot L^{-1}$ HNO_3，再加少许 $NaBiO_3$ 固体，微热，若溶液变为紫红色，示有 Mn^{2+} 存在。

(8) Cr^{3+} 的鉴定　向 5 滴含 Cr^{3+} 试液中滴加 $2mol \cdot L^{-1}$ NaOH 至生成的灰绿色沉

淀溶解成亮绿色溶液，然后加入 $6\sim7$ 滴 3% H_2O_2，在水浴上加热使溶液变为黄色。

① 将所得黄色溶液用 $6mol\cdot L^{-1}$ HAc 酸化后，滴加 $0.1mol\cdot L^{-1}$ Pb（NO_3）$_2$ 溶液，若生成黄色沉淀，示有 Cr^{3+} 存在。

② 将所得黄色溶液用 $2mol\cdot L^{-1}$ HAc 酸化至 pH＝$2\sim3$，加入 $0.5mL$ 乙醚（或戊醇）和 $2mL$ $3\%H_2O_2$ 溶液，若乙醚层呈蓝色，亦示有 Cr^{3+} 存在。

（9）Cu^{2+} 的鉴定　3 滴含 Cu^{2+} 试液，用 HAc 酸化后，滴加 $0.1mol\cdot L^{-1}$ K_4［Fe（CN）$_6$］溶液，若生成红棕色沉淀，示有 Cu^{2+} 存在。

（10）Al^{3+} 的鉴定　5 滴含 Al^{3+} 试液，用 $NH_3\cdot H_2O$ 调节 pH＝$4\sim9$，滴加 0.1% 茜素磺酸钠溶液，若生成红色沉淀，示有 Al^{3+} 存在。

（11）Zn^{2+} 的鉴定　向 3 滴 Zn^{2+} 试液中依次加入 $6\sim7$ 滴 $2mol\cdot L^{-1}$ NaOH 溶液和 $0.5mL$ 0.01% 二苯硫腙-CCl_4 溶液，搅匀后放入水浴中加热（加热过程中应经常搅动液面），若水溶液层呈粉红色（或玫瑰红色），CCl_4 层绿色变为棕色，示有 Zn^{2+} 存在。

（12）Co^{2+} 的鉴定　取 $5\sim6$ 滴含 Co^{2+} 试液，加 $2mol\cdot L^{-1}$ HCl 溶液 2 滴，NH_4SCN 饱和溶液 $5\sim6$ 滴和丙酮 10 滴，振荡，若溶液出现蓝色，示有 Co^{2+} 存在。

以上鉴定是在没有其它干扰离子存在的情况下进行。若有其它干扰离子存在时，应先进行分离，然后再鉴定。

2. 常见阳离子混合试液的离子分离和鉴定方法

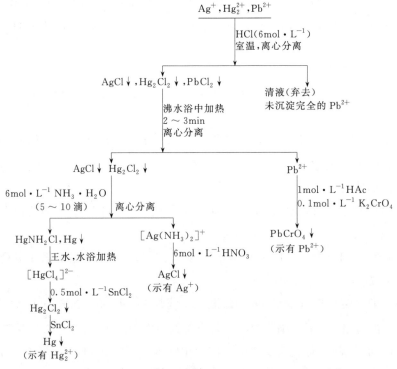

附图 1-1　Ag^+、Hg_2^{2+}、Pb^{2+} 混合离子的分离鉴定示意图

（1）Ag^+、Hg_2^{2+}、Pb^{2+} 混合离子的分离鉴定　这三种离子均能生成难溶或较难溶

的氯化物沉淀。$PbCl_2$ 溶解度较大,且随温度升高而增大,用沸水处理该组离子的氯化物沉淀,$PbCl_2$ 溶解,从而与 $AgCl$ 和 Hg_2Cl_2 沉淀分开。$AgCl$ 易溶于氨水形成氨合物 $[Ag(NH_3)_2]^+$,而 Hg_2Cl_2 与氨水作用生成难溶的 $HgNH_2Cl$ 和 Hg,当用 $NH_3 \cdot H_2O$ 处理 $AgCl$、Hg_2Cl_2 混合沉淀,可将它们分开。然后再按前面的鉴定方法进行鉴定。按这种分析,该组混合离子的分离鉴定方案如附图 1-1。

(2) Fe^{3+}、Cr^{3+}、Mn^{2+}、Ni^{2+} 混合离子的分离鉴定 详见附图 1-2。

(3) Fe^{3+}、Al^{3+}、Ag^+、Cu^{2+} 混合离子的分离鉴定 该组离子中 Ag^+ 能生成难溶的 $AgCl$ 沉淀,可首先考虑加入 $NaCl$ 或 HCl 将 Ag^+ 以 $AgCl$ 沉淀形式与其余三种离子分离。在剩下的离子中,Cu^{2+} 能与 $NH_3 \cdot H_2O$ 生成氨合物 $[Cu(NH_3)_4]^{2+}$,而 Fe^{3+}、Al^{3+} 则与 $NH_3 \cdot H_2O$ 作用生成 $Fe(OH)_3$ 和 $Al(OH)_3$。因此,在分离 Ag^+ 后的试液中加入 $NH_3 \cdot H_2O$,可使 Cu^{2+} 与 Fe^{3+} 和 Al^{3+} 分离。再利用 $Al(OH)_3$ 具有两性,在 $Fe(OH)_3$ 和 $Al(OH)_3$ 的混合物沉淀中加入适当浓度的 $NaOH$ 溶液 $[NaOH$ 溶液浓度过大,则可能有部分 $Fe(OH)_3$ 沉淀溶解$]$ 使 $Al(OH)_3$ 溶解,而与 $Fe(OH)_3$ 沉淀分离。当各个离子分离开后,可用前面的鉴定反应对其进行鉴定。

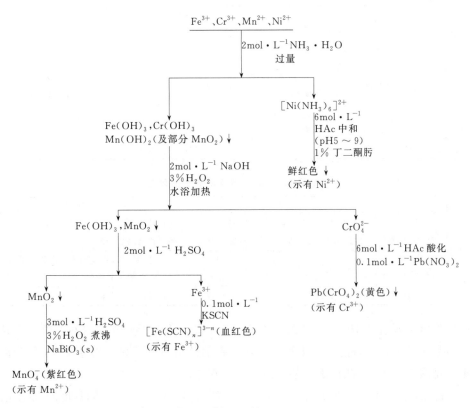

附图 1-2 Fe^{3+}、Cr^{3+}、Mn^{2+}、Ni^{2+} 混合离子的分离鉴定示意图

附录 2　常见阴离子的分离与鉴定方法

阴离子主要是非金属元素组成的简单离子和复杂离子，如 X^-、S^{2-}、SO_4^{2-}、ClO_3^-、$[Al(OH)_4]^-$、$[Fe(CN)_6]^{3-}$ 等。大多数阴离子在分析鉴定中，彼此干扰较少，实际上可能共存的阴离子不多，且许多阴离子有特效反应，故常采用分别分析法。只有当先行推测或检出某些离子有干扰时才适当进行掩蔽或分离。由于同种元素可以组成多种阴离子，如硫元素有 S^{2-}、SO_3^{2-}、$S_2O_3^{2-}$、SO_4^{2-} 等，存在形式不同，性质各异，所以分析结果要求知道元素及其存在形式。

在进行混合阴离子的分析时，一般是利用阴离子的分析特性进行初步试验，确定离子存在的可能范围，然后进行个别离子的鉴定。阴离子的分析特性主要有：

(1) 低沸点酸和易分解酸的阴离子与酸反应放出气体或产生沉淀，利用产生气体的物理化学性质（见附表 2-1），可初步推断阴离子 CO_3^{2-}、S^{2-}、SO_3^{2-}、$S_2O_3^{2-}$ 和 NO_2^- 是否存在。

附表 2-1　阴离子与酸反应的现象与推断

观察到的现象（有气泡产生）			可能的结果		备注
气体的颜色	气体的气味	析出气体的性质	气体组成	存在的阴离子	
无色	无臭	析出气体时产生咝咝声，并使石灰水变浑浊	CO_2	CO_3^{2-}	SO_2 也能使石灰水变浑浊
无色	窒息性燃硫味	使 I_2-淀粉溶液或稀 $KMnO_4$ 溶液褪色	SO_2	SO_3^{2-}，$S_2O_3^{2-}$（同时析出 S）	H_2S 也能使 I_2-淀粉溶液或稀 $KMnO_4$ 溶液褪色
无色	腐蛋气味	$Na_2[Pb(OH)_4]$ 或 $PbAc_2$ 试纸变黑色	H_2S	S^{2-}	
棕色	刺激性臭味		$NO，NO_2$	NO_2^-	

附表 2-2　常见 15 种阴离子的分组

组别	组试剂	组内阴离子	特性
第一组	$BaCl_2$（中性或弱碱性）	SO_4^{2-}，SO_3^{2-}，$S_2O_3^{2-}$，SiO_3^{2-}，CO_3^{2-}，PO_4^{3-}，AsO_4^{3-}，AsO_3^{3-}（浓溶液中析出）	钡盐难溶于水（除 $BaSO_4$ 外其它钡盐溶于酸），银盐溶于硝酸
第二组	$AgNO_3$（稀、冷 HNO_3）	S^{2-}，Cl^-，Br^-，I^-	钡盐溶于水，银盐难溶于水和稀硝酸（Ag_2S 溶于热硝酸）
第三组	无组试剂	NO_3^-，NO_2^-，Ac^-	钡盐和银盐都溶于水

(2) 除碱金属盐和 NO_3^-、ClO_3^-、ClO_4^-、Ac^- 等阴离子形成的盐易溶解外，其余的盐类大多数是难溶的。目前一般多采用钡盐和银盐的溶解性差别，将常见 15 种阴离子分为三组，见附表 2-2。由此可确定整组离子是否存在。

(3) 除 Ac^-、CO_3^{2-}、SO_4^{2-} 和 PO_4^{3-} 外，绝大多数阴离子具不同程度的氧化还原性，在溶液中可能相互作用，改变离子原来的存在形式。在酸性溶液中，强还原性的阴离子 S^{2-}、SO_3^{2-}、$S_2O_3^{2-}$ 可被 I_2 氧化。利用加入碘-淀粉溶液后是否褪色，可判断这些阴离子是否存在。用强氧化剂 $KMnO_4$ 与之作用，若红色消失，还可能有 Br^-、I^- 弱还原性阴离子存在。如红色不消失，则上述还原性阴离子都不存在。Cl^- 的还原性更弱，只有在 Cl^- 和 H^+ 浓度大时，Cl^- 才能将 $KMnO_4$ 还原。

附表 2-3 常见 15 种阴离子的初步试验

试剂 阴离子	H_2SO_4	$BaCl_2$（中性 或弱碱性）	$AgNO_3$ （稀 HNO_3）	I_2-淀粉 （稀 H_2SO_4）	$KMnO_4$ （稀 H_2SO_4）	KI-淀粉 （稀 H_2SO_4）	备注
SO_4^{2-}		+					
SO_3^{2-}	+	+		+	+		
$S_2O_3^{2-}$	+	(+)	+	+	+		
CO_3^{2-}	+	+					
PO_4^{3-}		+					
AsO_4^{3-}		+				+	"+"号为 有反应现象； "（+）"号 为阴离子浓 度大时才产 生反应
AsO_3^{3-}		(+)			+		
SiO_3^{2-}	(+)	+					
Cl^-			+		(+)		
Br^-			+		+		
I^-			+		+		
S^{2-}			+	+	+		
NO_2^-					+	+	
NO_3^-						(+)	
Ac^-							

在酸性溶液中氧化性阴离子 NO_2^- 可氧化 I^- 成为 I_2 使淀粉溶液变蓝，用 CCl_4 萃取后，CCl_4 层显紫红色。NO_3^- 浓度大时才有类似反应。AsO_4^{3-} 氧化 I^- 成为 I_2 的反应是可逆的，若在中性或弱碱性时 I_2 氧化 AsO_3^{3-} 生成 AsO_4^{3-}。

根据以上分析特性进行初步试验，分析归纳出离子存在的范围，然后根据存在离子性质的差异和特征反应进行分离鉴定。

常见 15 种阴离子的初步试验概况列于附表 2-3 中。

1. 常见单一阴离子的鉴定

（1）Cl^- 的鉴定 取含 Cl^- 试液 5 滴，加稀 HNO_3 酸化后，滴入 $0.1mol \cdot L^{-1}$ $AgNO_3$ 溶液生成白色沉淀，该白色沉淀溶于 $NH_3 \cdot H_2O$，当再用 HNO_3 酸化时，又复出白色沉淀，示有 Cl^- 存在。

（2）Br^-、I^- 的鉴定 分别取含 Br^-、含 I^- 试液 5 滴于两支试管中，各加入 CCl_4 10 滴，再逐滴加入饱和氯水，并振荡，若 CCl_4 层呈橙色，示有 Br^-；CCl_4 层呈紫红色，示有 I^- 存在。

（3）NO_2^- 的鉴定 取含 NO_2^- 试液 5 滴，用 $3mol \cdot L^{-1}$ H_2SO_4 酸化，再加 $0.1mol \cdot L^{-1}$ KI 3 滴和 CCl_4 10 滴，振荡，若 CCl_4 层呈紫红色，示有 NO_2^- 存在。

(4) NO_3^- 的鉴定

① 往装有 $1mol \cdot L^{-1}$ H_2SO_4 酸化含 NO_3^- 的试液的试管中，慢慢地沿试管壁加入 $0.5mL$ 二苯胺的浓 H_2SO_4 溶液，若在两种溶液的界面处出现蓝色环，则示有 NO_3^- 存在。

② 在点滴板上滴加 1 滴试液，加入一颗硫酸亚铁晶体，沿晶体边缘滴加浓 H_2SO_4 溶液，如硫酸亚铁晶体四周形成棕色圆环，则示有 NO_3^- 存在。

若有 NO_2^- 干扰鉴定，可加 $0.1g$ 尿素和数滴稀 H_2SO_4，煮沸试液使 NO_2^- 分解。

(5) $S_2O_3^{2-}$ 的鉴定　取含 $S_2O_3^{2-}$ 试液 5 滴，加 $2mol \cdot L^{-1}$ HCl 数滴加热，若溶液变浑浊，则示有 $S_2O_3^{2-}$ 存在。

(6) SO_3^{2-} 的鉴定　取含 SO_3^{2-} 试液 5 滴，加入 3 滴 I_2-淀粉溶液，用 $2mol \cdot L^{-1}$ HCl 酸化，若紫色褪去，示有 SO_3^{2-} 存在（但试液中要保证无 S^{2-} 和 $S_2O_3^{2-}$）。

(7) S^{2-} 的鉴定　取含 S^{2-} 试液 5 滴，加 $2mol \cdot L^{-1}$ HCl 数滴，若产生的气体使 $Pb(Ac)_2$ 试纸变黑，则示有 S^{2-} 存在。

(8) PO_4^{3-} 的鉴定　取含 PO_4^{3-} 试液 3 滴，加入 6 滴浓 HNO_3 和 10 滴 $0.1mol \cdot L^{-1}$ $(NH_4)_2MoO_4$ 溶液，微热，若生成黄色沉淀，则示有 PO_4^{3-} 存在。

以上鉴定方法只适于不存在其它干扰离子的情况，若是混合离子的试液，一般应先进行分离，再用以上方法鉴定。

2. 混合离子的分离鉴定

(1) Cl^-、Br^-、I^- 混合离子的分离鉴定　按附图 2-1 进行分离和鉴定。

说明：

① 沉淀卤素离子时，应先用 $6mol \cdot L^{-1}$ HNO_3 酸化后，再加 $0.1mol \cdot L^{-1}$ $AgNO_3$ 至沉淀完全，并加热 $2min$。

② 分离和鉴定 Cl^- 时，用 $2mol \cdot L^{-1}$ $NH_3 \cdot H_2O$ 或 $(NH_4)_2CO_3$ 饱和溶液处理已用蒸馏水洗涤过两次的沉淀。然后取离心试液用 $2mol \cdot L^{-1}$ HNO_3 酸化鉴定 Cl^-（或取离心试液用 $0.1mol \cdot L^{-1}$ KBr 溶液来鉴定 Cl^-）。

③ 用少量锌粉分解卤化银沉淀时，应搅动 $2\sim3min$；滴加氯水鉴定 Br^-、I^- 时，每滴加一滴后，都要振荡试管，并观察 CCl_4 层的颜色变化。

(2) 分离鉴定 S^{2-}、$S_2O_3^{2-}$、SO_3^{2-}

说明：

① 在强碱性溶液中，鉴定 S^{2-} 用亚硝酰铁氰化钠，溶液显特殊紫红色示有 S^{2-}。

$$S^{2-} + [Fe(CN)_5NO]^{2-} = [(CN)_5FeNOS]^{4-}$$

② 利用 $PbCO_3$（$K_{sp}^{\ominus} = 7.4 \times 10^{-14}$）或 $CdCO_3$（$K_{sp}^{\ominus} = 5.2 \times 10^{-12}$）溶解度远远大于 PbS（$K_{sp}^{\ominus} = 8.0 \times 10^{-28}$）或 CdS（$K_{sp}^{\ominus} = 8.0 \times 10^{-27}$），故可用 $PbCO_3$ 或 $CdCO_3$ 分离 S^{2-}，同时形成黄色 CdS 或黑色 PbS 沉淀，更确证有 S^{2-}。

③ 利用 $SrSO_3$ 与 SrS_2O_3 溶解度的差异（$SrSO_3$ 微溶，而 SrS_2O_3 可溶于水），可用 $SrCl_2$ 或 $Sr(NO_3)_2$ 来分离它们。

④ $SrSO_3$ 用稀 HCl 溶解后，可用 I_2-淀粉溶液来鉴定。

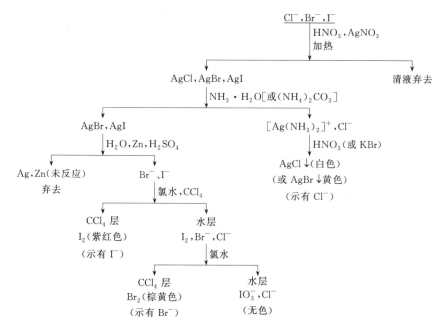

附图 2-1 Cl^-、Br^-、I^- 混合离子的分离鉴定方法

附录3 常用硅酸盐分析方法

硅酸盐占地壳质量 75％ 以上。它是生产水泥、玻璃、陶瓷等的原料。天然的硅酸盐矿物有石英、石棉、云母、滑石、长石等多种。在硅酸盐分析过程中，首先是分析试样的采集、处理、分解和试液的制备，其次，要考虑选择适当的分析方法，这涉及分析对象、试样性质、主量分析和全分析、常量分析和微量分析、化学分析和仪器分析（例如吸光光度法）等。同时需要注意的是，往往同一种成分的测定，可选用不同的方法，例如常量的铁离子，可用配合滴定，也可用氧化还原滴定法来测定。

硅酸盐分析通常测定的项目有：SiO_2，Fe_2O_3，Al_2O_3，TiO_2，CaO，MgO，K_2O，Na_2O，P_2O_5，MnO 等。通常采用系统分析法。

随着科学技术的迅速发展，仪器分析得到了广泛的应用。硅酸盐的系统分析，既有以重量法和容量法为主的化学分析方法，也有以吸光光度法和原子吸收分光光度法为主的仪器分析法。一般应根据实验室的仪器设备条件、试样中各组分含量的高低和对分析结果的要求等，灵活选用不同的方法，通常是把化学分析法和仪器分析法结合起来，以获得又快又好的结果。

1. 硅酸盐系统分析方案

附表 3-1 和附表 3-2 列出了目前采用较多的几种系统分析方法。

附表 3-1 硅酸盐系统分析方案之一

(1)称取两份试样,一份用 KOH 熔融后,用 K_2SiF_6 容量法测定 SiO_2。另一份按下列分析方案进行。

HF-$HClO_4$-H_2SO_4 分解试样,$HClO_4$ 冒烟,HCl 提取,稀释至一定体积,取液进行如下分析:

1,10-邻二氮菲吸光光度法测定 Fe_2O_3

EDTA 配合滴定法测定 Al_2O_3+TiO_2 合量

二安替比林甲烷或 H_2O_2 吸光光度法测定 TiO_2

EDTA 配合滴定法测定 CaO+MgO 合量

EDTA 配合滴定法测定 CaO

高碘酸钾吸光光度法测定 MnO

磷钼蓝吸光光度法测 P_2O_5

原子吸收分光光度法测定 Na_2O

原子吸收分光光度法测定 K_2O

(2)称取两份试样,按下述分析方案进行。

HF-$HClO_4$-HCl 分解试样,$HClO_4$ 冒烟,加 10% $SrCl_2$ 少量,稀释至一定体积,取液进行如下分析:

原子吸收分光光度法测定 Fe_2O_3

原子吸收分光光度法测定 Al_2O_3

原子吸收分光光度法测定 CaO

原子吸收分光光度法测定 MgO

原子吸收分光光度法测定 Na_2O

原子吸收分光光度法测定 K_2O

HF-$HClO_4$-H_2SO_4 分解试样,$HClO_4$ 冒烟,稀释至一定体积,取液进行如下分析:

高碘酸钾吸光光度法测定 MnO

过氧化氢吸光光度法测定 TiO_2

磷钼蓝吸光光度法测 P_2O_5

附表 3-2 硅酸盐系统分析方案之二

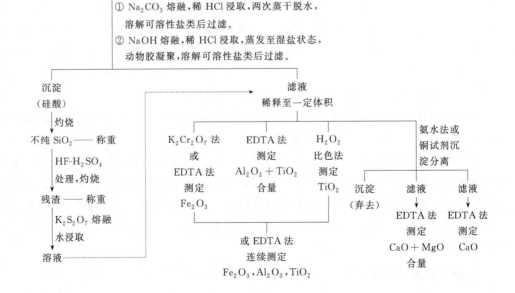

2. 硅酸盐试样的分解及测定

(1) 试样的分解 根据硅酸盐试样中 SiO_2 含量高低的不同，可分别采用碱熔融法和酸溶法分解试样。若试样中金属氧化物的含量高（碱性强），则宜用酸分解；若试样中 SiO_2 的含量高，而金属氧化物的含量较低，则采用碱熔融法。大多数硅酸盐试样可被 HF 分解，但由于 SiO_2 将以 SiF_4 形式挥发逸出，故不适用于 SiO_2 的测定。HF 分解试样后所得试液，可用于其他项目的测定（见附表 3-1），但 F^- 的存在往往对某些组分的测定有影响，故应将其挥发除去，因此，HF 通常与 H_2SO_4、HNO_3 或 $HClO_4$ 混合使用。利用 HF-H_2SO_4 分解试样，还可直接测定石英砂（含 $SiO_2 > 95\%$）中的 SiO_2。此时，称取试样后，用 HF-H_2SO_4 分解，将试样中 SiO_2 全部转化为 SiF_4，挥发除去后，通过称量灼烧后的残渣质量，即可求得试样中 SiO_2 的含量。

(2) SiO_2 的测定 通常采用 K_2SiF_6 容量法或重量法进行测定，这里只讨论重量法。

重量法测定 SiO_2 是基于在酸性溶液中析出硅酸沉淀。通常，在用 HCl 酸化碱熔试样时，溶液中便析出含有大量水分子的无定形硅酸沉淀，但沉淀很不完全。为了使硅酸沉淀较完全，可采用两次脱水法或动物胶凝聚法。

两次脱水法是将试样的盐酸溶液在水浴上蒸发至干，于 $105 \sim 110℃$ 焙烤 1h，使无定形硅酸脱水，以降低其溶解度。但是，硅酸经一次脱水处理后，仍有部分以溶胶形式存在。因此，在溶解可溶性盐类时，会有部分的硅酸残留于溶液中。为此，将第一次脱水处理后的滤液和洗液合并，再加入浓盐酸，按第一次脱水方法同样操作，进行第二次脱水。然后溶解可溶性盐类，过滤、洗涤。将两次沉淀合并灼烧至恒重，计算 SiO_2 的含量。硅酸焙烤脱水时，温度不能过低，时间不能过短，否则脱水不完全；但温度也不能过高，时间也不能过长，否则硅酸有可能转化为能为酸分解的硅酸盐。

动物胶凝聚法是将试样的 HCl 溶液在水浴上蒸发至砂糖状，即一般所说的"湿盐"状态，冷却至 $60 \sim 80℃$，加入 HCl 和动物胶，充分搅拌，并在 $60 \sim 70℃$ 保温 10min，使硅酸凝聚。溶解可溶性盐类后，过滤、洗涤、将沉淀烧至恒重，计算 SiO_2 的含量。动物胶凝聚硅酸的完全程度与 HCl 的浓度、凝聚时的温度和动物胶的用量有关。在 $8mol \cdot L^{-1}$ 以上的 HCl 溶液中，硅酸主要以 γ-硅酸形式存在，这是一种比较容易凝聚的胶体。温度宜控制在 $60 \sim 70℃$，否则硅酸凝聚不完全。动物胶的用量以 $25 \sim 100mg$ 为宜，否则将引起胶溶现象，或使过滤困难。若条件控制适当，溶液中残留的硅酸一般小于 2mg。若要求比较精确的测定结果，可用吸光光度法测定滤液中的 SiO_2 含量，再将此结果与重量法结果相加。

应该指出，无论是采用两次脱水法还是动物胶凝聚法，所得沉淀中都夹有 Al^{3+}、Ti^{4+} 和 Fe^{3+} 等的氧化物，即得到的是不纯的 SiO_2。如杂质含量很低，一般可不必校正。但若要精确分析结果，则应将灼烧后的沉淀用 HF-H_2SO_4 处理，再将残渣灼烧称量，从不纯的 SiO_2 量中扣除残渣量。灼烧后的残渣，用 $K_2S_2O_7$ 熔融，用水浸取，浸取液与滤液合并，供其他项目测定用（见附表 3-2）。

试样中 F 的含量大于 0.3% 时，将使 SiO_2 的测定结果偏低，因为在蒸发时，部分硅

酸将以 SiF_4 形式逸出。为此，在碱熔融法分解试样后浸取溶块时，加入适量硼酸，再加盐酸蒸发，此时 F^- 将以 BF_3 的形式挥发除去，从而防止硅的挥发损失。

上述两种方法中，两次脱水法的准确度较高，动物胶凝聚法的速度较快。

(3) Fe_2O_3、Al_2O_3 和 TiO_2 的测定

① 容量法　目前大多采用 EDTA 配合滴定法测定高含量的 Fe^{3+}、Al^{3+} 和 Ti^{4+}。

在 pH＝2～2.5 的溶液中，以磺基水杨酸作指示剂，于 40～50℃时，用 EDTA 滴定 Fe^{3+}。此时，Al^{3+}、Ti^{4+}、Mn^{2+}、Ca^{2+}、Mg^{2+}、Cu^{2+}、Ni^{2+}、Zn^{2+} 等都不干扰测定；30mg 的 PO_4^{3-} 亦无影响。溶液中 Fe_2O_3 的量不应大于 300mg，因为 Fe-EDTA 的配合物呈黄色，影响终点的判断。

用 EDTA 滴定 Al^{3+}，可采用返滴定法或氟化物置换滴定法，但 Ti（Ⅳ）同时被滴定，故测定的是 Al_2O_3 和 TiO_2 的合量。当试样的组成比较简单时，可用返滴定法，但一般多采用置换滴定法。于滴定 Fe^{3+} 后的溶液中，加入过量的 EDTA，调节溶液的 pH 约为 3，加热煮沸，使 Al^{3+}、Ti^{4+} 与 EDTA 配合完全。然后调节溶液的 pH 为 5～6，以二甲酚橙为指示剂，用锌盐返滴定。再于返滴定后的溶液中，加入足够量的 NaF 或 NH_4F，煮沸，此时 Al-EDTA 和 Ti-EDTA 转化为 AlF_6^{3-} 和 TiF_6^{2-}，并释放出一定量的 EDTA。用标准锌溶液滴定释放出来的 EDTA，计算 Al_2O_3 和 TiO_2 的含量。

TiO_2 的含量可用吸光光度法进行测定。从合量中扣除 TiO_2 量后，即得 Al_2O_3 的量。

若用苦杏仁酸代替氟化物进行置换滴定，则只有 Ti-EDTA 被置换，滴定释放出来的 EDTA，可直接测得 TiO_2 的含量。这样，可以在同一份溶液中连续滴定 Fe^{3+}、Al^{3+} 和 Ti^{4+}。用苦杏仁酸置换，返滴定时溶液的酸度应控制 pH 约为 4.2。

② 吸光光度法　当 Fe_2O_3、Al_2O_3 和 TiO_2 的含量较低时，可采用吸光光度法进行测定。

在六亚甲基四胺介质中，在盐酸羟胺等还原剂存在下，Fe^{2+} 与 1,10-邻二氮菲形成 1∶3 的橘红色配合物。

在 pH 约为 5 的溶液中，Al^{3+} 与铬天青 S 生成 1∶2 的紫红色配合物。Be^{2+}、Cu^{2+}、Th^{4+}、Zr^{4+}、Ni^{2+}、Zn^{2+}、Sn^{4+} 干扰测定。Fe 存在时产生严重的负误差，故必须事先除去。Fe^{3+} 的干扰可加抗坏血酸消除，但抗坏血酸的用量不宜太多，否则将破坏 Al-铬天青 S 配合物。

在 0.7～1.8mol·L^{-1} H_2SO_4 介质中，Ti^{4+} 与 H_2O_2 生成黄色配合物。Fe^{3+} 有干扰，可用 H_3PO_4 掩蔽。但加入 H_3PO_4 后，将减弱钛配合物的颜色。为此，试液和标准溶液中应加入同量的 H_3PO_4。少量的 V（Ⅴ）、Mo（Ⅵ）、Ni^{2+} 不干扰测定。F^- 对测定有严重影响，应事先除去。也可用二安替比林甲烷吸光光度法测定 Ti（Ⅳ）的含量。在 0.5～1.0mol·L^{-1} HCl 介质中，Ti（Ⅳ）与二安替比林甲烷生成 1∶3 黄色配合物。在酒石酸存在下放置 1h，发色完全。加热或加大显色剂的浓度，可以加快发色速度。配合物的最大吸收在 390nm 左右，因此，最好用紫外分光光度计测定其吸光度。Fe^{3+}、

V(V) 干扰测定，可加入抗坏血酸消除。W(VI)、Mo(VI) 的干扰可加入酒石酸消除。

(4) CaO 和 MgO 的测定

① 不经分离的 EDTA 滴定法　以酸性铬蓝 K-萘酚绿 B 为指示剂，于 pH＝10 时，用 EDTA 滴定 Ca^{2+} 和 Mg^{2+}；于 pH＝12～12.5 时，用 EDTA 滴定 Ca^{2+}。用差减法求出 MgO 的含量。

Fe^{3+}、Al^{3+}、Ti^{4+}、Mn^{2+} 对滴定有干扰，可用三乙醇胺掩蔽。但三乙醇胺最高只能掩蔽 75mg Al^{3+}、1mg Ti^{4+}、50mg Fe^{3+} 和 2mg Mn^{2+}。在碱性介质中，Mn^{2+} 易被空气氧化为 Mn(Ⅲ) 而与三乙醇胺生成稳定的配合物，量大时呈深绿色，故只能允许少量 Mn^{2+} 存在。重金属离子也干扰测定，可用 KCN 或铜试剂掩蔽。

② 经分离后的 EDTA 滴定法　当掩蔽作用不能消除干扰时，可采用下述分离方法。

a. 氨水沉淀分离法　用氨水沉淀时，Cu^{2+}、Ni^{2+} 等重金属离子仍留在溶液中，须用 KCN 将它们掩蔽，然后用 EDTA 滴定 Ca^{2+}、Mg^{2+}。此外，Fe(OH)$_3$、Al(OH)$_3$、MnO(OH)$_2$ 均为无定形沉淀，表面吸附严重，往往使 CaO、MgO 的分析结果偏低。因此，最好采用小体积沉淀分离法或氨水两次沉淀法。

b. 六亚甲基四胺-铜试剂沉淀分离法　六亚甲基四胺-铜试剂沉淀法能将 Fe^{3+}、Al^{3+}、Co^{2+}、Ni^{2+}、Zn^{2+}、Pb^{2+}、Cr^{3+}、Ti^{4+}、Ag^+、Hg^{2+}、Bi^{3+}、Mn^{2+} 等分离。经分离后，可用 EDTA 直接滴定滤液中的 Ca^{2+}、Mg^{2+}。当试液中 Mn^{2+} 量较高时，分离不完全。因此，在滴定 Ca^{2+}、Mg^{2+} 的溶液中，还需加入三乙醇胺掩蔽 Mn^{2+}。

应该指出，用 EDTA 滴定法测定 CaO 和 MgO，若试样中镁含量大而钙含量小，于 pH 约为 12～12.5 利用沉淀法掩蔽 Mg^{2+} 滴定 Ca^{2+} 时，由于析出的 Mg(OH)$_2$ 沉淀吸附 Ca^{2+}，使 CaO 的结果偏低，MgO 的结果相应地偏高。为此，可采取以下措施。

加入保护胶，如糊精、聚乙烯醇等，可以减少 Mg(OH)$_2$ 对 Ca^{2+} 的吸附。

在沉淀 Mg(OH)$_2$ 之前，先加配合剂以降低溶液中 Ca^{2+} 的浓度，使 Ca^{2+} 吸附减少。这也有两种方式：一种是先加入一定量过量的 EDTA，再调节溶液的 pH 为 12～12.5，用 Ca^{2+} 标准溶液滴定过量的 EDTA；另一种是先滴入一定量的 EDTA，将 Ca^{2+} 大部分配合，然后调节溶液的 pH 为 12～12.5，继续用 EDTA 滴定至终点。

还应该指出，用 EDTA 配合滴定法测定 CaO、MgO 时，MgO 的含量是通过差减法计算得到的，因此，滴定 CaO 时的误差，将影响 MgO 的结果的准确度，特别是在大量 CaO 存在时测定少量的 MgO，其影响更大。为此，可移取两等份试液，其中一份在 pH 约为 10 的硼砂缓冲溶液中，以 Zn-EGTA（锌试剂）作为指示剂，用 EGTA 选择性地滴定 Ca^{2+}，于另份试液中加入由上述滴定时消耗的 EGTA 体积，并过量 0.5mL，再加入其他的掩蔽剂，调节溶液的 pH 约为 10，以酸性铬蓝 K-萘酚绿 B 为指示剂，用 EDTA 滴定 Mg^{2+}。

附录4　化学实验中常用数据

附表 4-1　常用酸碱试剂的浓度和密度

项目	浓 HCl	浓 HNO_3	浓 H_2SO_4	浓 H_3PO_4	浓 HAc	浓 $NH_3 \cdot H_2O$
浓度/mol·L^{-1}（近似）	12.2	15.7	18	15	17	15
密度/g·cm^{-3}	1.19	1.42	1.84	1.7	1.05	0.90

附表 4-2　常用酸碱指示剂

名称	变色(pH 值)范围	颜色变化	配制方法
百里酚蓝(0.1%)	1.2~2.8	红~黄	0.1g 百里酚蓝溶于 20mL 乙醇中,加水至 100mL
甲基橙(0.1%)	3.1~4.4	红~黄	0.1g 甲基橙溶于 100mL 热水中
溴酚蓝(0.1%)	3.0~1.6	黄~紫蓝	0.1g 溴酚蓝溶于 20mL 乙醇中,加水至 100mL
溴甲酚绿(0.1%)	4.0~5.4	黄~蓝	0.1g 溴甲酚绿溶于 20mL 乙醇中,加水至 100mL
甲基红(0.1%)	4.8~6.2	红~黄	0.1g 甲基红溶于 60mL 乙醇中,加水至 100mL
溴百里酚蓝(0.1%)	6.0~7.6	黄~蓝	0.1g 溴百里酚蓝溶于 20mL 乙醇中,加水至 100mL
中性红(0.1%)	6.8~8.0	红~黄橙	0.1g 中性红溶于 60mL 乙醇中,加水至 100mL
酚酞(0.2%)	8.0~9.6	无~红	0.2g 酚酞溶于 90mL 乙醇中,加水至 100mL
百里酚蓝(0.1%)	8.0~9.6	黄~蓝	0.1g 百里酚蓝溶于 20mL 乙醇中,加水至 100mL
百里酚酞(0.1%)	9.4~10.6	无~蓝	0.1g 百里酚酞溶于 90mL 乙醇中,加水至 100mL
茜素黄(0.1%)	10.1~12.1	黄~紫	0.1g 茜素黄溶于 100mL 水中
酚红(0.1%)	6.8~8.4	黄~红	0.1g 酚红溶于 14.2mL 0.02mol·L^{-1}NaOH 中,用水稀至 100 mL

附表 4-3　酸碱混合指示剂

指示剂溶液的组成	变色时 pH 值	颜色		备注
		酸色	碱色	
一份 0.1% 甲基黄乙醇溶液 一份 0.1% 亚甲基蓝乙醇溶液	3.25	蓝紫	绿	pH=3.2 蓝紫色 pH=3.4 绿色
一份 0.1% 甲基橙水溶液 一份 0.25% 靛蓝二磺酸水溶液	4.1	紫	黄绿	
一份 0.1% 溴甲酚绿钠盐水溶液 一份 0.2% 甲基橙水溶液	4.3	橙	蓝绿	pH=3.5 黄色,pH=4.05 绿色 pH=4.3 浅绿色
三份 0.1% 溴甲酚绿乙醇溶液 一份 0.2% 甲基红乙醇溶液	5.1	酒红	绿	
一份 0.1% 溴甲酚绿钠盐水溶液 一份 0.1% 绿酚钠盐水溶液	6.1	黄绿	蓝紫	pH=5.4 蓝绿色,pH=5.8 蓝色 pH=6.0 蓝带紫,pH=6.2 蓝紫色
一份 0.1% 中性红乙醇溶液 一份 0.1% 亚甲基蓝乙醇溶液	7.0	蓝紫	绿	
一份 0.1% 甲酚红钠盐水溶液 三份 0.1% 百里酚蓝钠盐水溶液	8.3	黄	紫	pH=8.2 玫瑰红 pH=8.4 清晰的紫色
一份 0.1% 百里酚蓝 50% 乙醇溶液 三份 0.1% 酚酞 50% 乙醇溶液	9.0	黄	紫	从黄到绿,再到紫
一份 0.1% 酚酞乙醇溶液 一份 0.1% 百里酚酞乙醇溶液	9.9	无	紫	pH=9.6 玫瑰红 pH=10 紫红

续表

指示剂溶液的组成	变色时 pH 值	颜色		备注
		酸色	碱色	
二份 0.1% 百里酚酞乙醇溶液 一份 0.1% 茜素黄乙醇溶液	10.2	黄	紫	

附表 4-4　常用缓冲溶液的配制

pH 值	配制方法
0	1mol·L^{-1} HCl 溶液①
1	0.1mol·L^{-1} HCl 溶液
2	0.01mol·L^{-1} HCl 溶液
3.6	NaAc·3H$_2$O 8g,溶于适量水中,加 6mol·L^{-1} HAc 溶液 134mL,稀释至 500mL
4.0	将 60mL 冰醋酸和16g 无水醋酸钠溶于100mL 水中,稀释至 500mL
4.5	将 30mL 冰醋酸和30g 无水醋酸钠溶于100mL 水中,稀释至 500mL
5.0	将 30mL 冰醋酸和60g 无水醋酸钠溶于100mL 水中,稀释至 500mL
5.4	将 40g 六亚甲基四胺溶于 90mL 水中,加入 20mL 6mol·L^{-1} HCl 溶液
5.7	100g NaAc·3H$_2$O 溶于适量水中,加 6mol·L^{-1} HAc 溶液 13mL,稀释至 500mL
7.0	77g NH$_4$Ac 溶于适量水中,稀释至 500mL
7.5	NH$_4$Cl 60g 溶于适量水中,加浓氨水 1.4mL,稀释至 500mL
8.0	NH$_4$Cl 50g 溶于适量水中,加浓氨水 3.5mL,稀释至 500mL
8.5	NH$_4$Cl 40g 溶于适量水中,加浓氨水 8.8mL,稀释至 500mL
9.0	NH$_4$Cl 35g 溶于适量水中,加浓氨水 24mL,稀释至 500mL
9.5	NH$_4$Cl 30g 溶于适量水中,加浓氨水 65mL,稀释至 500mL
10	NH$_4$Cl 27g 溶于适量水中,加浓氨水 175mL,稀释至 500mL
11	NH$_4$Cl 3g 溶于适量水中,加浓氨水 207mL,稀释至 500mL
12	0.01mol·L^{-1} NaOH 溶液②
13	1mol·L^{-1} NaOH 溶液

① 不能有 Cl$^-$ 存在时,可用硝酸。

② 不能有 Na$^+$ 存在时,可用 KOH。

附表 4-5　沉淀及金属指示剂

名　称	颜色		配制方法
	游离	化合物	
铬酸钾	黄	砖红	5%水溶液
硫酸铁铵(40%)	无色	血红	NH$_4$Fe(SO$_4$)$_2$·12H$_2$O 饱和水溶液,加数滴浓 H$_2$SO$_4$
荧光黄(0.5%)	绿色荧光	玫瑰红	0.50g 荧光黄溶于乙醇,并用乙醇稀释至 100mL
铬黑 T	蓝	酒红	(1) 0.2g 铬黑 T 溶于 15mL 三乙醇胺及 5mL 甲醇中 (2) 1g 铬黑 T 与 100g NaCl 研细、混匀(1∶100)
钙指示剂	蓝	红	0.5g 钙指示剂与 100g NaCl 研细、混匀
二甲酚橙(0.5%)	黄	红	0.5g 二甲酚橙溶于 100mL 去离子水中
K-B 指示剂	蓝	红	0.5g 酸性铬蓝 K 加 1.25g 萘酚绿 B,再加 25g K$_2$SO$_4$ 研细、混匀。
GAXL 混匀磺基水杨酸	无	红	10%水溶液
PAN 指示剂(0.2%)	黄	红	0.2g PAN 溶于 100mL 乙醇中
邻苯二酚紫(0.1%)	紫	蓝	0.1g 邻苯二酚紫溶于 100mL 去离子水中

附表 4-6　氧化还原法指示剂

名　称	变色电势 φ/V	颜色		配制方法
		氧化态	还原态	
二苯胺(1%)	0.76	紫	无色	1g 二苯胺在搅拌下溶于 100mL 浓硫酸和 100mL 浓磷酸,贮于棕色瓶中
二苯胺磺酸钠(0.5%)	0.85	紫	无色	0.5g 二苯胺磺酸钠溶于 100mL 水中,必要时过滤
邻菲罗啉硫酸亚铁(0.5%)	1.06	淡蓝	红	0.5g $FeSO_4 \cdot 7H_2O$ 溶于 100mL 水中,加 2 滴硫酸,加 0.5g 邻菲罗啉
邻苯氨基苯甲酸(0.2%)	1.08	红	无色	0.2g 邻苯氨基苯甲酸加热溶解在 100mL 0.2% Na_2CO_3 溶液中,必要时过滤
淀粉(0.2%)				2g 可溶性淀粉,加少许水调成浆状,在搅拌下注入 1000mL 沸水中,微沸 2min,放置,取上层溶液使用(若要保持稳定,可在研磨淀粉时加入 10mg HgI_2)

附表 4-7　难溶电解质的溶度积　(298.15K)

化学式	$K_{sp}^{\ominus}$	化学式	$K_{sp}^{\ominus}$
醋酸盐		硫酸盐	
$Ag(CH_3COO)$	2.00×10^{-3}	Hg_2SO_4	2.40×10^{-7}
$Hg_2(CH_3COO)_2$	2.00×10^{-15}	$SrSO_4$	3.0×10^{-7}
砷酸盐		$PbSO_4$	2.53×10^{-8}
Ag_3AsO_4	1.12×10^{-22}	$BaSO_4$	1.07×10^{-10}
溴化物		氯化物	
$PbBr_2$	3.9×10^{-5}	$PbCl_2$	1.70×10^{-5}
$CuBr$	5.2×10^{-9}	$CuCl$	1.10×10^{-7}
$AgBr$	4.9×10^{-13}	$AgCl$	1.80×10^{-10}
Hg_2Br_2	5.8×10^{-23}	Hg_2Cl_2	1.43×10^{-18}
碳酸盐		硫化物	
$MgCO_3$	1×10^{-5}	SnS	1.00×10^{-25}
$NiCO_3$	1.3×10^{-7}	CdS	8.0×10^{-27}
$CaCO_3$	3.36×10^{-9}	PbS	3.00×10^{-27}
$BaCO_3$	4.90×10^{-9}	CuS	6×10^{-36}
$SrCO_3$	9.3×10^{-10}	Cu_2S	3×10^{-48}
$MnCO_3$	5.0×10^{-10}	Ag_2S	6.0×10^{-50}
$CuCO_3$	1.46×10^{-13}	HgS	4×10^{-53}
$CoCO_3$	1.0×10^{-10}	Fe_2S_3	1×10^{-39}
$FeCO_3$	3.13×10^{-11}	硝酸盐	
$ZnCO_3$	1.7×10^{-11}	$BiO(NO_3)$	2.8×10^{-3}
Ag_2CO_3	8.1×10^{-12}	亚硝酸盐	
$CaCO_3$	3.0×10^{-14}	$AgNO_2$	6.0×10^{-4}
$PbCO_3$	7.40×10^{-14}	草酸盐	
碘化物		MgC_2O_4	8.50×10^{-5}
PbI_2	6.5×10^{-9}	CoC_2O_4	4×10^{-6}
CuI	1.1×10^{-12}	FeC_2O_4	2×10^{-7}
AgI	8.51×10^{-17}	NiC_2O_4	1×10^{-7}
HgI_2	3×10^{-25}	CuC_2O_4	3×10^{-8}
Hg_2I_2	5.2×10^{-29}	BaC_2O_4	1.60×10^{-7}
硫酸盐		CdC_2O_4	1.51×10^{-8}
$CaSO_4$	4.93×10^{-5}	ZnC_2O_4	2×10^{-9}
Ag_2SO_4	1.58×10^{-5}	$Ag_2C_2O_4$	1.00×10^{-11}

化学式	$K_{sp}^{\ominus}$	化学式	$K_{sp}^{\ominus}$
草酸盐		硫化物	
PbC_2O_4	3×10^{-11}	MnS	3.00×10^{-13}
$Hg_2C_2O_4$	1×10^{-13}	FeS	6.0×10^{-18}
MnC_2O_4	1×10^{-19}	NiS	3×10^{-19}
铬酸盐		ZnS	1.6×10^{-24}
$CaCrO_4$	6×10^{-4}	CoS	2×10^{-25}
$SrCrO_4$	2.2×10^{-9}	氢氧化物	
Hg_2CrO_4	2.0×10^{-9}	$Ba(OH)_2$	2.00×10^{-18}
$BaCrO_4$	1.17×10^{-10}	$Sr(OH)_2$	6.4×10^{-3}
Ag_2CrO_4	1.12×10^{-12}	$Ca(OH)_2$	5.07×10^{-6}
$PbCrO_4$	1.8×10^{-14}	Ag_2O	2×10^{-8}
氰化物		$Mg(OH)_2$	1.80×10^{-11}
$AgCN$	2.3×10^{-16}	$BiO(OH)_2$	1×10^{-12}
氟化物		$Be(OH)_2$	4×10^{-15}
BaF_2	1.05×10^{-6}	$Zn(OH)_2$	2.10×10^{-16}
MgF_2	7.10×10^{-9}	$Mn(OH)_2$	1.90×10^{-13}
SrF_2	2.5×10^{-9}	$Cd(OH)_2$	5.90×10^{-15}
CaF_2	3.48×10^{-11}	$Pb(OH)_2$	8.1×10^{-17}
ThF_2	4×10^{-20}	$Fe(OH)_2$	8×10^{-16}
磷酸盐		$Ni(OH)_2$	5.48×10^{-16}
Li_3PO_4	3×10^{-13}	$Co(OH)_2$	6.00×10^{-15}
$Mg(NH_4)PO_4$	3×10^{-13}	$SbO(OH)_2$	1×10^{-17}
$AlPO_4$	5.8×10^{-19}	$Cu(OH)_2$	2.0×10^{-19}
$Mn_3(PO_4)_2$	1×10^{-22}	$Hg(OH)_2$	4.0×10^{-26}
$Ba_3(PO_4)_2$	3×10^{-23}	$Sn(OH)_2$	6.0×10^{-27}
$BiPO_4$	1.3×10^{-23}	$Cr(OH)_3$	1.00×10^{-31}
$Ca_3(PO_4)_2$	1×10^{-26}	$Al(OH)_3$	4.60×10^{-33}
$Sr_3(PO_4)_2$	4×10^{-28}	$Fe(OH)_3$	2.79×10^{-39}
$Mg_3(PO_4)_2$	1.04×10^{-24}	$Sn(OH)_4$	10^{-56}
$Pb_3(PO_4)_2$	2.0×10^{-44}		

附表 4-8 标准电极电势 (298.15K)

电极反应	$\varphi^{\ominus}/V$	电极反应	$\varphi^{\ominus}/V$
$Li^+ + e^- \Longrightarrow Li$	-3.045	$Fe^{3+} + 3e^- \Longrightarrow Fe$	-0.036
$Ca(OH)_2 + 2e^- \Longrightarrow Ca + 2OH^-$	-3.02	$AgCN + e^- \Longrightarrow Ag + CN^-$	-0.017
$Rb^+ + e^- \Longrightarrow Rb$	-2.925	$2H^+ + 2e^- \Longrightarrow H_2$	0.0000
$K^+ + e^- \Longrightarrow K$	-2.924	$AgBr + e^- \Longrightarrow Ag + Br^-$	0.0713
$Cs^+ + e^- \Longrightarrow Cs$	-2.923	$Sn^{4+} + 2e^- \Longrightarrow Sn^{2+}$	0.15
$Ba^{2+} + 2e^- \Longrightarrow Ba$	-2.912	$Cu^{2+} + e^- \Longrightarrow Cu^+$	0.158
$Sr^{2+} + 2e^- \Longrightarrow Sr$	-2.89	$ClO_4^- + H_2O + 2e^- \Longrightarrow ClO_3^- + 2OH^-$	0.170
$Ca^{2+} + 2e^- \Longrightarrow Ca$	-2.870	$SO_4^{2-} + 4H^+ + 2e^- \Longrightarrow H_2SO_3 + H_2O$	0.20
$Na^+ + e^- \Longrightarrow Na$	-2.713	$AgCl + e^- \Longrightarrow Ag + Cl^-$	0.223
$Mg^{2+} + 2e^- \Longrightarrow Mg$	-2.375	$Cu^{2+} + 2e^- \Longrightarrow Cu$	0.3402
$1/2H_2 + e^- \Longrightarrow H^-$	-2.230	$Ag_2O + H_2O + 2e^- \Longrightarrow 2Ag + 2OH^-$	0.342
$Al^{3+} + e^- \Longrightarrow Al$ ($0.1mol \cdot L^{-1} NaOH$)	-1.706	$ClO_2^- + H_2O + 2e^- \Longrightarrow ClO_2^- + 2OH^-$	0.35
$Be^{2+} + 2e^- \Longrightarrow Be$	-1.847	$O_2 + 2H_2O + 4e^- \Longrightarrow 4OH^-$	0.401
$Mn(OH)_2 + 2e^- \Longrightarrow Mn + 2OH^-$	-1.47	$[Fe(CN)_6]^{3-} + e^- \Longrightarrow [Fe(CN)_6]^{4-}$	0.46
$Pb^{2+} + 2e^- \Longrightarrow Pb$	-0.1263	($0.1 mol \cdot L^{-1} NaOH$)	

续表

电 极 反 应	$\varphi^{\ominus}/V$	电 极 反 应	$\varphi^{\ominus}/V$
$Cu^+ + e^- \Longrightarrow Cu$	0.522	$1/2O_2 + 2H^+(10^{-7}\ mol \cdot L^{-1}) + 2e^- \Longrightarrow H_2O$	0.815
$I_2 + 2e^- \Longrightarrow 2I^-$	0.535	$Hg^{2+} + 2e^- \Longrightarrow Hg$	0.851
$IO_3^- + 2H_2O + 4e^- \Longrightarrow IO^- + 4OH^-$	0.56	$ClO^- + H_2O + 2e^- \Longrightarrow Cl^- + 2OH^-$	0.90
$MnO_4^- + 2H_2O + 3e^- \Longrightarrow MnO_2 + 4OH^-$	0.58	$2Hg^{2+} + 2e^- \Longrightarrow Hg_2^{2+}$	0.907
$O_2 + 2H^+ + 2e^- \Longrightarrow H_2O_2$	0.682	$NO_3^- + 3H^+ + 2e^- \Longrightarrow HNO_2 + H_2O$	0.940
$[Fe(CN)_6]^{3-} + e^- \Longrightarrow [Fe(CN)_6]^{4-}$	0.69	$NO_3^- + 4H^+ + 3e^- \Longrightarrow NO + 2H_2O$	0.960
$(1\ mol \cdot L^{-1}\ H_2SO_4)$		$Br_2(l) + 2e^- \Longrightarrow 2Br^-$	1.065
$Fe^{3+} + e^- \Longrightarrow Fe^{2+}$	0.771	$Br_2(aq) + 2e^- \Longrightarrow 2Br^-$	1.087
$Hg_2^{2+} + 2e^- \Longrightarrow 2Hg$	0.792	$MnO_2 + 4H^+ + 2e^- \Longrightarrow Mn^{2+} + 2H_2O$	1.208
$Ag^+ + e^- \Longrightarrow Ag$	0.7996	$O_2 + 4H^+ + 4e^- \Longrightarrow 2H_2O$	1.229
$2NO_3^- + 4H^+ + 2e^- \Longrightarrow N_2O_4 + 2H_2O$	0.81	$Cr_2O_7^{2-} + 14H^+ + 6e^- \Longrightarrow 2Cr^{3+} + 7H_2O$	1.33
$ZnO_2^- + 2H_2O + 2e^- \Longrightarrow Zn + 4OH^-$	-1.216	$Cl_2(g) + 2e^- \Longrightarrow 2Cl^-$	1.3583
$Mn^{2+} + 2e^- \Longrightarrow Mn$	-1.170	$ClO_4^- + 8H^+ + 8e^- \Longrightarrow Cl^- + 4H_2O$	1.37
$Sn(OH)_6^{2-} + 2e^- \Longrightarrow HSnO_2^- + 3OH^- + H_2O$	-0.96	$ClO_3^- + 6H^+ + 6e^- \Longrightarrow Cl^- + 3H_2O$	1.45
$2H_2O + 2e^- \Longrightarrow H_2 + 2OH^-$	-0.8277	$ClO_3^- + 6H^+ + 5e^- \Longrightarrow 1/2Cl_2 + 3H_2O$	1.47
$Zn^{2+} + 2e^- \Longrightarrow Zn$	-0.763	$MnO_4^- + 8H^+ + 5e^- \Longrightarrow Mn^{2+} + 4H_2O$	1.491
$Cr^{3+} + 3e^- \Longrightarrow Cr$	-0.74	$Mn^{3+} + e^- \Longrightarrow Mn^{2+}$	1.51
$Ni(OH)_2 + 2e^- \Longrightarrow Ni + 2OH^-$	-0.720	$MnO_4^- + 4H^+ + 3e^- \Longrightarrow MnO_2 + 2H_2O$	1.679
$Fe(OH)_3 + e^- \Longrightarrow Fe(OH)_2 + OH^-$	-0.56	$Au^+ + e^- \Longrightarrow Au$	1.692
$2CO_2 + 2H^+ + 2e^- \Longrightarrow H_2C_2O_4$	-0.49	$H_2O_2 + 2H^+ + 2e^- \Longrightarrow 2H_2O$	1.776
$NO_2^- + H_2O + e^- \Longrightarrow NO + 2OH^-$	-0.46	$S_2O_8^{2-} + 2e^- \Longrightarrow 2SO_4^{2-}$	2.01
$Cr^{3+} + e^- \Longrightarrow Cr^{2+}$	-0.440	$O_3 + 2H^+ + 2e^- \Longrightarrow O_2 + H_2O$	2.07
$Fe^{2+} + 2e^- \Longrightarrow Fe$	-0.409	$O(g) + 2H^+ + 2e^- \Longrightarrow H_2O$	2.421
$Ni^{2+} + 2e^- \Longrightarrow Ni$	-0.250	$F_2 + e^- \Longrightarrow 2F^-$	2.87
$Sn^{2+} + 2e^- \Longrightarrow Sn$	-0.1364		

附表 4-9 一些常见配位化合物的稳定常数

配离子	$K_{稳}^{\ominus}$	$\lg K_{稳}^{\ominus}$	配离子	$K_{稳}^{\ominus}$	$\lg K_{稳}^{\ominus}$
1:1			1:3		
NaY^{3-}	4.57×10^1	1.66	$[Fe(CNS)_3]$	2.0×10^3	3.30
AgY^{3-}	2.0×10^7	7.30	$[Al(C_2O_4)_3]^{3-}$	2.0×10^{16}	16.30
CaY^{2-}	4.90×10^{10}	10.69	$[Ni(en)_3]^{2+}$	3.9×10^{18}	18.59
MgY^{2-}	4.90×10^8	8.69	$[Fe(C_2O_4)_2]^{3-}$	1.6×10^{20}	20.20
FeY^{2-}	2.14×10^{14}	14.33	1:4		
CdY^{2-}	3.16×10^{16}	16.50	$[CdCl_4]^{2-}$	3.1×10^2	2.49
NiY^{3-}	4.68×10^{18}	18.67	$[Cd(CNS)_4]^{2-}$	3.8×10^2	2.58
CuY^{2-}	6.3×10^{18}	18.80	$[Co(CNS)_4]^{2-}$	1.0×10^3	3.00
HgY^{2-}	6.3×10^{21}	21.80	$[CdI_4]^{2-}$	3.0×10^6	6.48
FeY^-	1.26×10^{25}	25.10	$[Cd(NH_3)_4]^{2+}$	1.29×10^7	7.11
CoY^-	1.0×10^{36}	36.00	$[Zn(NH_3)_4]^{2+}$	2.9×10^9	9.46
1:2			$[Cu(NH_3)_4]^{2+}$	1.7×10^{13}	13.23
$[Ag(NH_3)_2]^+$	1.6×10^7	7.23	$[HgCl_4]^{2-}$	1.26×10^{15}	15.10
$[Ag(en)_2]^+$	6.31×10^7	7.80	$[Zn(CN)_4]^{2-}$	1.0×10^{16}	16.00
$[Ag(CNS)_2]^-$	3.71×10^8	8.60	$[Cu(CN)_4]^{2-}$	2.0×10^{27}	27.30
$[Cu(NH_3)_2]^+$	7.4×10^{10}	10.87	$[HgI_4]^{2-}$	6.8×10^{29}	29.83
$[Cu(en)_2]^+$	4.0×10^{19}	19.60	$[Hg(CN)_4]^{2-}$	1.0×10^{41}	41.00
$[Ag(CN)_2]^-$	1.0×10^{21}	21.00	1:6		
$[Cu(CN)_2]^-$	1.0×10^{24}	24.00	$[Co(NH_3)_6]^{2+}$	1.3×10^5	5.11
$[Au(CN)_2]^-$	2.0×10^{38}	38.30	$[Cd(NH_3)_6]^{2+}$	1.29×10^7	7.11

附表 4-10　常用基准物质

基准物	干燥后的组成	干燥温度,时间
$NaHCO_3$	Na_2CO_3	$260\sim270℃$,至恒重
$Na_2B_4O_7 \cdot 10H_2O$	$Na_2B_4O_7 \cdot 10H_2O$	NaCl-蔗糖饱和溶液干燥器中室温保存
$KHC_6H_4(COO)_2$	$KHC_6H_4(COO)_2$	$105\sim110℃$
$Na_2C_2O_4$	$Na_2C_2O_4$	$105\sim110℃$,2h
$K_2Cr_2O_7$	$K_2Cr_2O_7$	$130\sim140℃$,$0.5\sim1h$
$KBrO_3$	$KBrO_3$	$120℃$,$1\sim2h$
KIO_3	KIO_3	$105\sim120℃$
As_2O_3	As_2O_3	硫酸干燥器中,至恒重
$(NH_4)_2Fe(SO_4)_2 \cdot 6H_2O$	$(NH_4)_2Fe(SO_4)_2 \cdot 6H_2O$	室温空气
$NaCl$	$NaCl$	$250\sim350℃$,$1\sim2h$
$AgNO_3$	$AgNO_3$	$120℃$,2h
$CuSO_4 \cdot 5H_2O$	$CuSO_4 \cdot 5H_2O$	室温空气
$KHSO_4$	K_2SO_4	$750℃$以上灼烧
ZnO	ZnO	约$800℃$,灼烧至恒重
无水 Na_2CO_3	Na_2CO_3	$260\sim270℃$,0.5h
$CaCO_3$	$CaCO_3$	$105\sim110℃$

附表 4-11　常见离子和化合物的颜色

离子及化合物	离子及化合物	离子及化合物
Ag_2O 褐色	$CaHPO_4$ 白色	$Fe_2(SiO_3)_3$ 棕红色
$AgCl$ 白色	$CaSO_3$ 白色	FeC_2O_4 浅黄色
Ag_2CO_3 白色	$[Co(H_2O)_6]^{2+}$ 粉红色	$Fe_3[Fe(CN)_6]_2$ 蓝色
Ag_3PO_4 黄色	$[Co(NH_3)_6]^{2+}$ 黄色	$Fe_4[Fe(CN)_6]_3$ 蓝色
Ag_2CrO_4 砖红色	$[Co(NH_3)_6]^{3+}$ 橙黄色	HgO 红(黄)色
$Ag_2C_2O_4$ 白色	$[Co(SCN)_4]^{2-}$ 蓝色	Hg_2Cl_2 白黄色
$AgCN$ 白色	CoO 灰绿色	Hg_2I_2 黄色
$AgSCN$ 白色	Co_2O_3 黑色	HgS 红或黑
$Ag_2S_2O_3$ 白色	$Co(OH)_2$ 粉红色	CuO 黑色
$Ag_3[Fe(CN)_6]$ 橙色	$Co(OH)Cl$ 蓝色	Cu_2O 暗红色
$Ag_4[Fe(CN)_6]$ 白色	$Co(OH)_3$ 褐棕色	$Cu(OH)_2$ 浅蓝色
$AgBr$ 淡黄色	$[Cu(H_2O)_4]^{2+}$ 蓝色	$Cu(OH)$ 黄色
AgI 黄色	$[CuCl_2]^-$ 白色	$CuCl$ 白色
Ag_2S 黑色	$[CuCl_4]^{2-}$ 黄色	CuI 白色
Ag_2SO_4 白色	$[CuI_2]^-$ 黄色	CuS 黑色
$Al(OH)_3$ 白色	$[Cu(NH_3)_4]^{2+}$ 深蓝色	$CuSO_4 \cdot 5H_2O$ 蓝色
$BaSO_4$ 白色	$K_2Na[Co(NO_2)_6]$ 黄色	$Cu_2(OH)_2SO_4$ 浅蓝色
$BaSO_3$ 白色	$(NH_4)_2Na[Co(NO_2)_6]$ 黄色	$Cu_2(OH)_2CO_3$ 蓝色
BaS_2O_3 白色	CdO 棕灰色	$Cu_2[Fe(CN)_6]$ 红棕色
$BaCO_3$ 白色	$Cd(OH)_2$ 白色	$Cu(SCN)_2$ 黑绿色
$Ba_3(PO_4)_2$ 白色	$CdCO_3$ 白色	$[Fe(H_2O)_6]^{2+}$ 浅绿色
$BaCrO_4$ 黄色	CdS 黄色	$[Fe(H_2O)_6]^{3+}$ 浅紫色
BaC_2O_4 白色	$[Cr(H_2O)_6]^{2+}$ 天蓝色	$[Fe(CN)_6]^{4-}$ 黄色
$CoCl_2 \cdot 2H_2O$ 紫红色	$[Cr(H_2O)_6]^{3+}$ 蓝紫色	$[Fe(CN)_6]^{3-}$ 红棕色
$CoCl_2 \cdot 6H_2O$ 粉红色	CrO_2^- 绿色	$[Fe(NCS)_n]^{3-n}$ 血红色
CoS 黑色	CrO_4^{2-} 黄色	FeO 黑色
$CoSO_4 \cdot 7H_2O$ 红色	$Cr_2O_7^{2-}$ 橙色	Fe_2O_3 砖红色

离子及化合物	离子及化合物	离子及化合物
$CoSiO_3$ 紫色	Cr_2O_3 绿色	$Fe(OH)_2$ 白色
$K_3[CO(NO_2)_6]$ 黄色	CrO_3 橙红色	$Fe(OH)_3$ 红棕色
$BiOCl$ 白色	$Cr(OH)_3$ 灰绿色	$[Mn(H_2O)_6]^{2+}$ 浅红色
BiI_3 白色	$CrCl_3 \cdot 6H_2O$ 绿色	MnO_4^{2-} 绿色
Bi_2S_3 黑色	$Cr_2(SO_4)_3 \cdot 6H_2O$ 绿色	MnO_4^- 紫红色
Bi_2O_3 黄色	$Cr_2(SO_4)_3$ 桃红色	MnO_2 棕色
$Bi(OH)_3$ 黄色	$Cr_2(SO_4)_3 \cdot 18H_2O$ 紫色	$Mn(OH)_2$ 白色
$BiO(OH)$ 灰黄色	$FeCl_3 \cdot 6H_2O$ 黄棕色	MnS 肉色
$Bi(OH)CO_3$ 白色	FeS 黑色	$MnSiO_3$ 肉色
$NaBiO_3$ 黄棕色	Fe_2S_3 黑色	$MgNH_4PO_4$ 白色
CaO 白色	$[Fe(NO)]SO_4$ 深棕色	$MgCO_3$ 白色
$Ca(OH)_2$ 白色	$(NH_4)_2Fe(SO_4)_2 \cdot 6H_2O$ 蓝绿色	$Mg(OH)_2$ 白色
$CaSO_4$ 白色	$(NH_4)_2Fe(SO_4)_2 \cdot 12H_2O$ 浅紫色	$[Ni(H_2O)_6]^{2+}$ 亮绿色
$CaCO_3$ 白色	$FeCO_3$ 白色	$[Ni(NH_3)_6]^{2+}$ 蓝色
$Ca_3(PO_4)_2$ 白色	$FePO_4$ 浅黄色	NiO 暗绿色

附表 4-12　298.15K 时各种酸的解离常数

化学式	$K_a^{\ominus}$	$pK_a^{\ominus}$	化学式	$K_a^{\ominus}$	$pK_a^{\ominus}$
无机酸			无机酸		
H_3AsO_4	5.50×10^{-3}	2.26	$H_2C_2O_4$	5.90×10^{-2}	1.25
$H_2AsO_4^-$	1.73×10^{-7}	6.76	$HC_2O_4^-$	6.46×10^{-5}	4.19
$HAsO_4^{2-}$	5.13×10^{-12}	11.29	HNO_2	5.62×10^{-4}	3.25
H_3BO_3	5.75×10^{-10}	9.24	$HClO_4$	3.5×10^2	
H_2CO_3	4.46×10^{-7}	6.35	HIO_4	5.6×10^3	
HCO_3^-	4.68×10^{-11}	10.33	$HMnO_4$	2.0×10^2	
$HClO_3$	5×10^2		H_3PO_4	7.5×10^{-3}	2.12
$HClO_2$	1.15×10^{-2}	1.94	$H_2PO_4^-$	6.23×10^{-8}	7.21
H_2CrO_4	1.82×10^{-1}	0.74	HPO_4^{2-}	2.20×10^{-12}	12.67
$HCrO_4^-$	3.2×10^{-7}	6.49	H_2SiO_3	1.70×10^{-10}	9.77
HF	6.31×10^{-4}	3.20	$HSiO_3^-$	1.52×10^{-12}	11.80
H_2O_2	2.40×10^{-12}	11.62	HSO_4^-	1.02×10^{-2}	1.99
HI	3×10^9		H_2SO_3	1.41×10^{-2}	1.85
H_2S	8.90×10^{-8}	7.05	HSO_3^-	6.31×10^{-8}	7.20
HS^-	1.20×10^{-13}	12.92	$H_2S_2O_3$	2.50×10^{-1}	0.60
$HBrO$	2.82×10^{-9}	8.55	$HS_2O_3^-$	1.90×10^{-2}	1.72
$HClO$	3.98×10^{-8}	7.40	两性氢氧化物		
HIO	2.29×10^{-11}	10.64	$Al(OH)_3$	4×10^{-13}	12.40
HIO_3	1.69×10^{-1}	0.77	$SbO(OH)_2$	1×10^{-11}	11.00
HNO_3	2×10^2		$Cr(OH)_3$	9×10^{-17}	16.05

化学式	$K_a^{\ominus}$	$pK_a^{\ominus}$	化学式	$K_a^{\ominus}$	$pK_a^{\ominus}$
两性氢氧化物			金属离子		
$Cu(OH)_2$	1×10^{-19}	19.00	Cu^{2+}	1×10^{-8}	8.00
$HCuO_2^-$	7.0×10^{-14}	13.15	Fe^{3+}	4.0×10^{-3}	2.40
$Pb(OH)_2$	4.6×10^{-16}	15.34	Fe^{2+}	1.2×10^{-6}	5.92
$Sn(OH)_4$	1×10^{-32}	32.00	Mg^{2+}	2×10^{-12}	11.70
$Sn(OH)_2$	3.8×10^{-15}	14.42	Hg^{2+}	2×10^{-3}	2.70
$Zn(OH)_2$	1.0×10^{-29}	29.00	Zn^{2+}	2.5×10^{-10}	9.60
金属离子			有机酸		
Al^{3+}	1.4×10^{-5}	4.85	CH_3COOH	1.75×10^{-5}	4.76
NH_4^+	5.60×10^{-10}	9.25	C_6H_5COOH	6.2×10^{-5}	4.21
Bi^{3+}	1×10^{-2}	2.00	$HCOOH$	1.772×10^{-4}	3.77
Cr^{3+}	1×10^{-4}	4.00	HCN	6.16×10^{-10}	9.21

附表 4-13　298.15K 时各种碱的解离常数

化学式	$K_b^{\ominus}$	$pK_b^{\ominus}$	化学式	$K_b^{\ominus}$	$pK_b^{\ominus}$
CH_3COO^-	5.71×10^{-10}	9.24	NO_3^-	5×10^{-17}	16.30
NH_3	1.8×10^{-4}	3.90	NO_2^-	1.92×10^{-11}	10.71
$C_6H_5NH_2$	4.17×10^{-10}	9.38	$C_2O_4^{2-}$	1.6×10^{-10}	9.80
AsO_4^{3-}	3.3×10^{-12}	11.48	$HC_2O_4^-$	1.79×10^{-13}	12.75
$HAsO_4^{2-}$	9.1×10^{-8}	7.04	MnO_4^-	5.0×10^{-17}	16.30
$H_2AsO_4^-$	1.5×10^{-12}	11.82	PO_4^{3-}	4.55×10^{-2}	1.34
$H_2BO_3^-$	1.6×10^{-5}	4.80	HPO_4^{2-}	1.61×10^{-7}	6.79
Br^-	1×10^{-23}	23.0	$H_2PO_4^-$	1.33×10^{-12}	11.88
CO_3^{2-}	1.78×10^{-4}	3.75	SiO_3^{2-}	6.76×10^{-3}	2.17
HCO_3^-	2.33×10^{-8}	7.63	$HSiO_3^-$	3.1×10^{-5}	4.51
Cl^-	3.02×10^{-23}	22.52	SO_4^{2-}	1.0×10^{-12}	12.00
CN^-	2.03×10^{-5}	4.69	SO_3^{2-}	2.0×10^{-7}	6.70
$(C_2H_5)_2NH$	8.51×10^{-4}	3.07	HSO_3^-	6.92×10^{-13}	12.16
$(CH_3)_2NH$	5.9×10^{-4}	3.23	S^{2-}	8.33×10^{-2}	1.08
$C_2H_5NH_2$	4.3×10^{-4}	3.37	HS^-	1.12×10^{-7}	6.95
F^-	2.83×10^{-11}	10.55	SCN^-	7.09×10^{-14}	13.15
$HCOO^-$	5.64×10^{-11}	10.25	$S_2O_3^{2-}$	4.00×10^{-14}	13.40
I^-	3×10^{-24}	23.52	$(C_2H_5)_3N$	5.2×10^{-4}	3.28
CH_3NH_2	4.2×10^{-4}	3.38	$(CH_3)_3N$	6.3×10^{-5}	4.20

附录 5　化学实验常用器皿

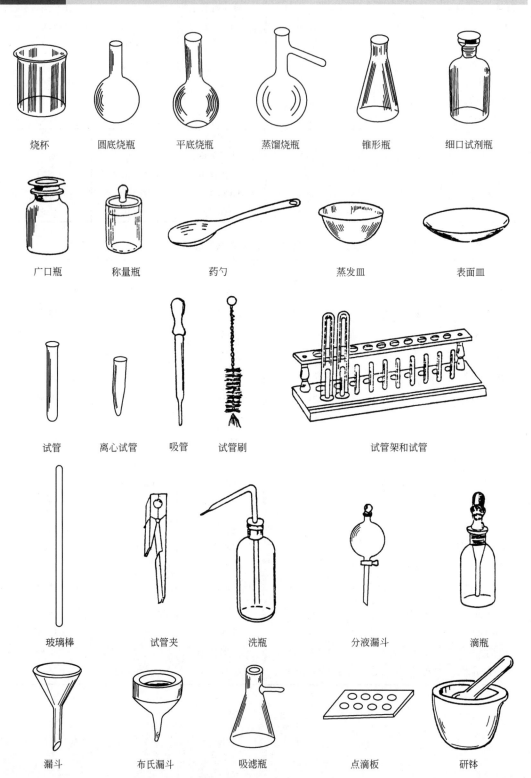

| 烧杯 | 圆底烧瓶 | 平底烧瓶 | 蒸馏烧瓶 | 锥形瓶 | 细口试剂瓶 |

| 广口瓶 | 称量瓶 | 药勺 | 蒸发皿 | 表面皿 |

| 试管 | 离心试管 | 吸管 | 试管刷 | 试管架和试管 |

| 玻璃棒 | 试管夹 | 洗瓶 | 分液漏斗 | 滴瓶 |

| 漏斗 | 布氏漏斗 | 吸滤瓶 | 点滴板 | 研钵 |

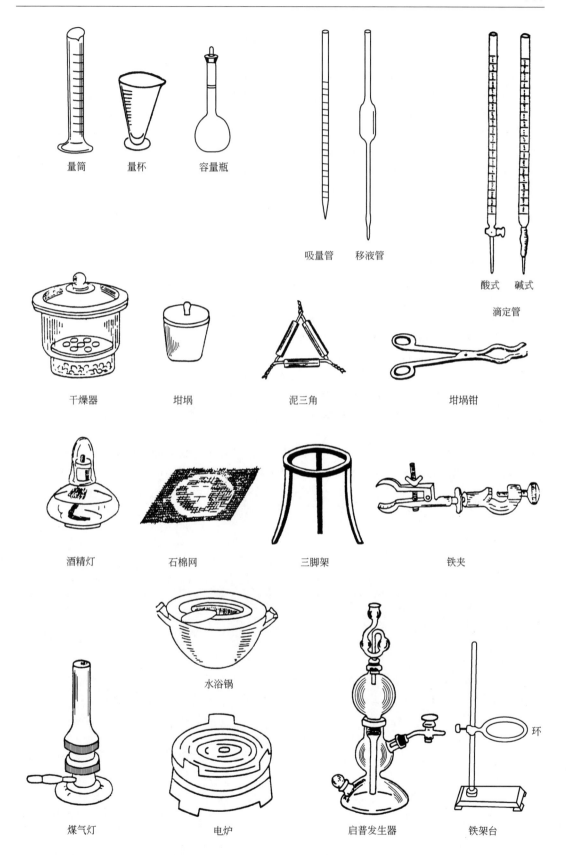

量筒　　　量杯　　　容量瓶

吸量管　　移液管

酸式　　碱式

滴定管

干燥器　　　　坩埚　　　　　泥三角　　　　　　坩埚钳

酒精灯　　　　石棉网　　　　三脚架　　　　　　铁夹

水浴锅

煤气灯　　　　电炉　　　　启普发生器　　　铁架台

环

参 考 文 献

[1] 方国女，王燕，周其镇编．基础化学实验．第 2 版．北京：化学工业出版社，2005.

[2] 武汉大学主编．分析化学（上册）第 6 版．北京：高等教育出版社，2018.

[3] 中国地质大学（北京）化学分析室编著．硅酸盐岩石和矿物分析．北京：地质出版社，1990.

[4] 浙江大学，华东理工大学，四川大学合编．殷学锋主编．新编大学化学实验．北京：高等教育出版社，2002.

[5] 武汉大学主编．分析化学实验．第 5 版．北京：高等教育出版社，2011.

[6] 马荔，陈虹锦编．无机及分析化学实验．北京：化学工业出版社，2019.

[7] 苏显云编．大学普通化学实验．北京：高等教育出版社，2001.

[8] 朱明华，胡坪编．仪器分析．第 4 版．北京：高等教育出版社，2010.

[9] 牟文生编．无机化学实验．第 3 版．北京：高等教育出版社，2017.

[10] 王炳强编．化学分析与电化学分析技术及应用．北京：化学工业出版社，2018.

[11] 郑红，戚洪彬，梁树平编．大学化学实验．北京：地质出版社，2005.

[12] 浙江大学普通化学类课程组编．普通化学实验．第 4 版．北京：高等教育出版社，2019.

[13] 许国镇编．电化学分析实验．北京：地质出版社，1991.

[14] 毕韶丹主编．物理化学实验．北京：清华大学出版社，2018.

[15] 刘雪锋主编．表面活性剂、胶体与界面化学实验．北京：化学工业出版社，2017.

[16] Duncan Shaw. Introduction to Colloid and Surface Chemistry . 3rd Ed. Butterworth Heinemann Ltd，1992.

[17] 复旦大学等编．物理化学实验．第 3 版．北京：高等教育出版社，2004.

[18] 沈钟，赵振国，康万利编．胶体与表面化学．第 4 版．北京：化学工业出版社，2012.

[19] 崔学桂，张晓丽，胡清萍编．基础化学实验（Ⅰ）——无机及分析化学实验．第 2 版．北京：化学工业出版社，2010.

[20] 李吉海，刘金庭编．基础化学实验（Ⅱ）——有机化学实验．第 2 版．北京：化学工业出版社，2010.

[21] 顾月姝，宋淑娥编．基础化学实验（Ⅲ）——物理化学实验．第 2 版．北京：化学工业出版社，2010.